ゲノム操作食品の争点

天笠啓祐

緑風出版

目次

ゲノム操作食品の争点

第1章　ゲノム操作時代へ　9
二十年たった遺伝子組み換え食品・10／ゲノム編集技術が登場・12／遺伝子ドライブ技術への批判強まる・15／人間の受精卵操作とブタからの臓器移植を容認・16／コントロールを失った遺伝子研究・18

第2章　ゲノム編集とは何か？　21
ゲノム編集とは？・22／ノックアウトの次はノックイン・24／ゲノム編集の三世代・25／CRISPR/Cas9（クリスパー・キャスナイン）とは？・27／ゲノム編集技術は日本政府の新技術の柱に？・29／人間にまで応用が広がっている・31

第3章　人の受精卵でゲノム操作、異種移植も　35
人の受精卵にゲノム編集操作・36／まず中国から始まった・39／タブーに踏み込む・40／ブタの臓器を人間に移植へ・42

第4章　ゲノム編集された作物と家畜　47
加速する作物開発・48／遺伝子組み換え・ゲノム編集稲が登場・49／エピゲノミッ

ク改変作物登場・50／進む動物の改造・51

第５章　ＲＮＡ操作始まる　55
ＡＩが農薬を救う?・56／ＲＮＡｉを応用した殺虫性トウモロコシ・57／シンプロット社のジャガイモが承認される・61／ノックアウト技術・62／問題点が多く指摘されている・63／新たなジャガイモも・65

第６章　合成生物学の危うさ　67
合成生物学とは何か?・68／人工的な生命体づくり・69／どのようにして人工合成細菌は誕生したのか?・71／人間のＤＮＡを合成!?・73

第７章　種の絶滅をもたらす遺伝子ドライブ　77
世代を超えて受け継がせる・78／対立遺伝子を変える・79／科学者による重大な懸念・81

第８章　遺伝子組み換え作物・食品の二十年　85
遺伝子組み換え作物の栽培始まる・86／お粗末な表示制度が作られる・88／環境へ

の悪影響を避けるカルタヘナ法はできたが・90／食の安全を揺るがす事件が続く・92／遺伝子組み換え食品の反対運動拡大・95／クローン家畜の登場・99／市民運動の国際化・101／TPPと遺伝子組み換え食品・103

第9章　遺伝子組み換え稲はいま――107

新たな稲の開発が進んでいる・108／スギ花粉症治療稲・109／複合病害抵抗性稲・110／開花期制御稲・112／スギ花粉症ペプチド含有稲・113／カルビンサイクル強化稲・116／外国で栽培されている遺伝子組み換え稲は？・118／イランでは商業栽培されたことも・121／インドでは混入事件も起きる・121／中国では違法栽培が十年以上続く・123／米国では未承認稲が流通・124／ゴールデンライス作付けに動く・125／新世代ゴールデンライス開発される・128／中国で行われた人体実験・130／ゴールデンライスはトロイの木馬・131／遺伝子組み換え小麦をめぐる動き・132

第10章　遺伝子組み換え鮭が市場に登場――137

遺伝子組み換え鮭、すでに四・五トンが出荷される・138／まず米国で遺伝子組み換え鮭承認・139／最初から反対意見が続出・141／遺伝子組み換え鮭とは？・142／この鮭の問題点――(1)生態系に大きな影響が起きる・143／この鮭の問題点――(2)食の安全を脅かす・146／輸出先のパナマでも反対意見噴出・147／アクア社、事実上モンサント社の傘下に・148／日本にも承認圧力強まる？・149／米国内での表示をめぐる攻防戦・150／どうなる？　日本の食卓・151

第11章　多国籍企業の合併と特許戦争が奪う市民の権利——155

バイエル社がモンサント社を買収・156／中国企業もシンジェンタ社を買収・157／特許戦争も激化・159／グリホサートをめぐる業界の圧力・160／グリホサート禁止を求める市民の運動広がる・162／米国で拡大する母親の運動・165／メガ合併への批判強まる・167

第12章　種子法廃止と多国籍企業による種子支配・食料支配——169

種子支配の始まり・170／緑の革命がもたらしたもの・171／企業の権利強化の時代へ・173／一九八〇年代の種子法改正と遺伝子組み換え作物開発・176／種子法廃止の意味するところ・179／主要農作物種子法廃止が奪うもの・181

第13章　経済戦略とビッグデータがもたらす生命操作の未来——183

アベノミクスが狙い撃ちした健康と医療・184／成長戦略の柱のひとつ、再生医療・

185、ビッグデータ利活用のために個人情報保護法改正へ・187、知的所有権の強化・189、デザイナー・ベイビーも特許に・190、ゲノムコホート研究・192

エピローグ——ゲノム操作食品に規制を？・195

RNA操作の時代に・195、日本政府の対応・196

遺伝子組み換え・ゲノム操作作物・食品関連年表・200

あとがき・206

第1章　ゲノム操作時代へ

二十年たった遺伝子組み換え食品

いま、ゲノム編集やＲＮＡｉ（ＲＮＡ干渉法）といった新しい遺伝子操作を用いた作物の開発が進んでいる。生物を改造する効率のよさや応用範囲の広さが、その理由だが、遺伝子組み換え作物・食品への世界的な批判の高まりがその背景にある。遺伝子組み換えのさまざまな問題点も明らかになってきている。とはいえ、企業は開発の手を緩めてはいない。まずはその、遺伝子組み換え作物・食品の現状から見ていこう。

遺伝子組み換え作物が栽培され、日本に入ってきたのは一九九六年のことである。それから二十年以上が経過した。歳月の経過とともに、さまざまな矛盾が顕在化してきた。除草剤が効かない雑草が広がり、殺虫毒素で死なない害虫が増加し、農薬の使用量が増えるなど、環境や食の安全を脅かす事態が広がっている。また、世界規模での反対運動の広がりもあり、遺伝子組み換え作物は行き詰まりを呈している。モンサントなどの多国籍種子企業はいま、その行き詰まりを打破すべく、ゲノム編集など新しい遺伝子操作で作物や食品の開発を進めており、すでに市場化された作物もある。

これまで出回ってきた遺伝子組み換え作物の現状をさらに詳しく見ていこう。遺伝子組み換え作物の栽培面積は増えたものの、作物の応用範囲は、トウモロコシ、大豆、ナタネ、綿の四作物が中心であることに変化は起きなかった。現在、日本に入っている作物もこの四作物である。

しかし、栽培面積は小さいものの、遺伝子組み換え作物の種類は増え続けている。米国を中心に、四作物以外にも、テンサイ、アルファルファ、パパイヤ、ズッキーニ、スカッシュ（カボチャ）、ナス、ジャガイモ、リンゴ、パイナップルが栽培され、流通している。この中でナスだけが例外的にバングラデシュで栽培されている。

最近、出回り始めたのがリンゴである。米国、カナダで栽培や流通が承認され、二〇一七年二月から米国内のスーパーで販売が始まった。皮をむいても変色しないリンゴで、カナダのオカナガン社が開発したものである。初めは「北極ゴールデン」と「北極グラニィ」が栽培されたが、新たに日本の「フジ」から作り出した「北極フジ」が承認された。これにより日本市場への影響が懸念されるようになった。同じ果物では、二〇一七年に入り、デルモンテ社が開発したリコピンを増やしたためピンク色になったパイナップルの米国内での流通が可能になった。

魚も登場した。二〇一五年十一月、米国で遺伝子組み換え動物食品としては初めて、成長スピードを早めた鮭の流通が承認された。開発したのは米国のベンチャー企業のアクアバウンティ・テクノロジーズ社で、カナダにある施設で受精卵を生産、パナマの養殖場に輸送して養殖が始まっており、カナダの養殖も承認された。その結果カナダで、二〇一七年上半期だけで四・五トンが市場に出回ったとアクア社は報告した。カナダで市場に出たことから、すでに米国市場に登場するのも時間の問題だといえる。あるいは、すでに流通しているかもしれない。これにより、日本の食卓に登場するのも時間の問題となりそうだ。

モンサント社などの多国籍企業が次の開発の本命にしているのが、小麦である。以前、モンサント社は、世界中で消費者の激しい反対に出会い、除草剤耐性小麦の商業化を断念した経緯がある。その後、同社は開発の中心を干ばつ耐性・高収量小麦に置き、すでに実用化段階に達している。米国・カナダ・オーストラリアの生産者組合も、早い商業化を求めている。デュポン社もゲノム編集技術を用いて高収量小麦を開発し、試験栽培を進めており、英国でもローザムステッド研究所が高収量小麦を開発し、二〇一七年春から試験栽培を開始している。このように小麦は高収量品種での開発合戦の様相を呈している。

日本では稲の開発が活発である。さまざまな種類の遺伝子組み換え稲が開発されている一方で、国立研究開発法人・農業・食品産業技術総合研究機構（農研機構）が、ゲノム編集技術としては初めての稲の隔離圃場での栽培試験を開始した。それが、後程述べる「シンク能改変稲」である。

ゲノム編集技術が登場

新しい遺伝子操作技術として「ゲノム編集」が登場し、すでに食品に応用され始めている。これまでの遺伝子組み換え技術とどのように異なるのだろうか。遺伝子組み換えは、簡略化していえば、ほかの生物の遺伝子を導入する技術である。例えば、成長の早い魚の遺伝子を導入して、成長を早めた魚づくりが行われている。それに対してゲノム編集は、遺伝子の働きを壊す技術である。特定の遺伝子を指定して壊すことができるようになり、応用が広がっている。例えば、成長を抑制する遺伝子の働きを壊すと、成長が早まり、大きな魚を作ることができる。ゲノム編集では、動物だけでなく、作物の開発も活発であり、医療という形で人間への応用も始まっている。

すでに市場化された作物もある。米国カリフォルニア州にあるベンチャー企業サイバス社が開発した除草剤耐性ナタネで、この作物はスルホニルウレア系除草剤に耐性を持たせたものである。同社は穀物メジャーのカーギル社と組んで、売り込みを進めている。

ゲノム編集は、ピンポイントで目的とする位置でＤＮＡを切断して、そこにある遺伝子の働きを壊す技術のことである。目的とする遺伝子の位置に誘導する技術とＤＮＡを切断する酵素の組み合わせで成り立っており、作物の開発が次々と行われている。

ゲノム編集技術に関しては、モンサント、デュポンの間で、最新方法「クリスパー・キャスナイン（CRISPR/Cas9）」の特許権の取得合戦が勃発し、種子独占を狙って競争が激化している。一方の雄であるデュポンはすでに、干ばつ耐性トウモロコシ、収量増小麦を試験栽培中である。

この技術を用いた動物での開発も盛んである。特に進んでいるのが、ミオスタチン遺伝子（筋肉量を制御する遺伝子）を壊す操作である。筋肉量を制御できなくなった動物は筋肉質になるとともに、成長が早く巨大化していく。その結果、筋肉量の多い豚や牛などの家畜や、成長の早いマダイやトラフグなどの魚が誕生している。その他にも、耐病性の豚、角のない乳牛や卵アレルギ

図1　遺伝子組み換えとゲノム編集の違い

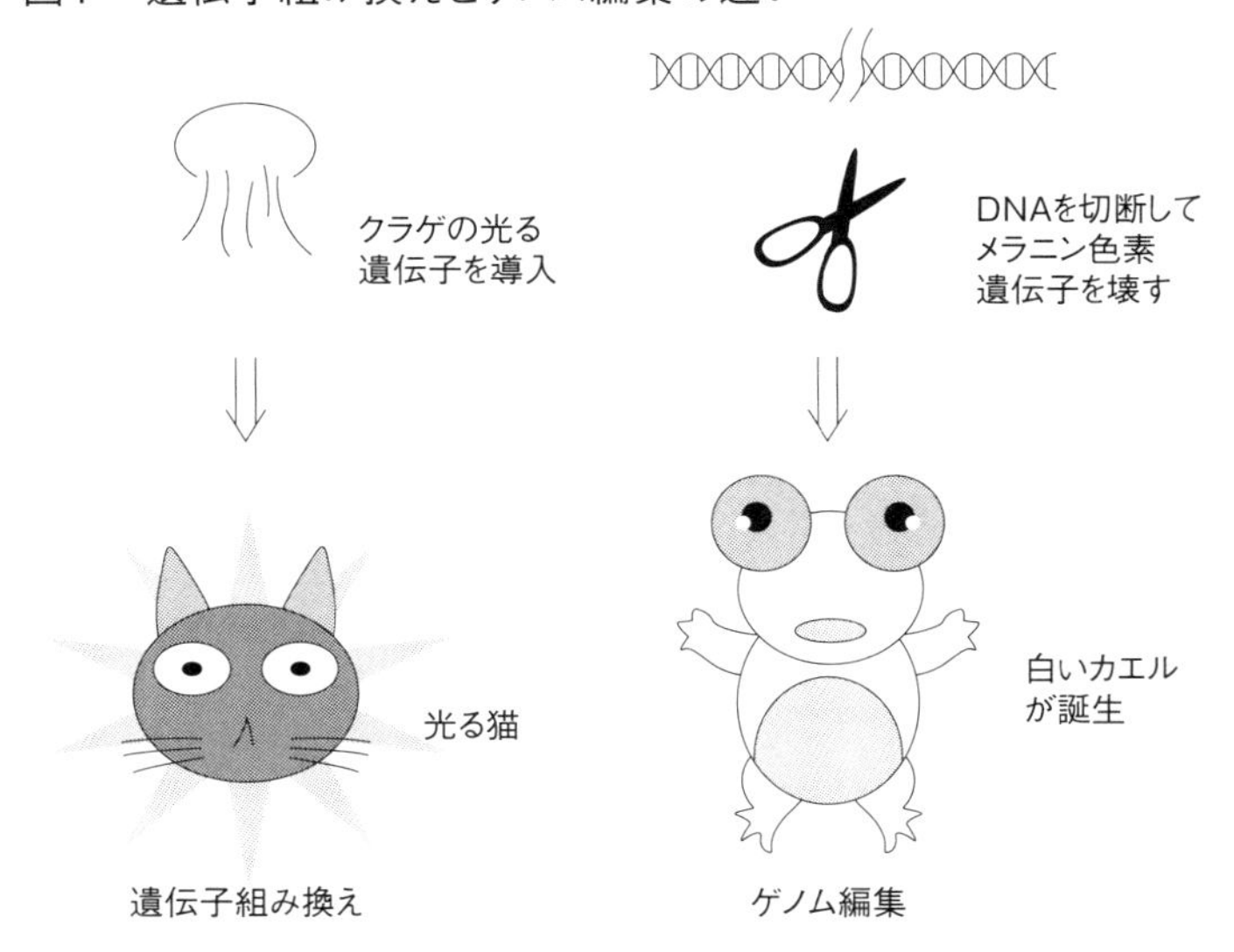

ーを引き起こさない鶏なども開発されており、開発はとどまるところを知らない。

　ゲノム編集技術は現在、遺伝子の働きを止める「ノックアウト」技術として用いられている。しかし、ノックアウトして壊した遺伝子の代わりに新たな遺伝子を導入する「ノックイン」も可能である。すでに、ノックインを用いたトマトの開発などが始まっている。

　また、ノックアウト技術としては、ゲノム編集技術以上に、次に述べるＲＮＡｉ（ＲＮＡ干渉法）と呼ばれる方法が普及しそうである。この技術を応用した作物としては、すでに米国で発がん物質のアクリルアミドを低減したジャガイモの栽培が行われており、市場に出回っていて、日本での流通も承認されている。

　このような新しいバイオテクノロジーの応用が、海外のベンチャー企業や多国籍企業によって拡大しているが、この事態に対して日本政府も黙っていない。内閣府が「戦略的イノベーション創造プログラム（ＳＩＰ）」の中で、「次世代農林水産業創造技術（アグリイノベーション創出）」の取り組みを進めているが、その柱となる「新たな育種技術の確立」として進めているのが、ゲノム編集技術などの新技術開発であり、それを用いた新しい作物や動物の開発である。

遺伝子ドライブ技術への批判強まる

　そのゲノム編集技術の応用に遺伝子ドライブ技術がある。二〇一六年十二月、メキシコで開催された、生物多様性条約第一三回締約国会議（ＣＯＰ13）において、新しいバイオテクノロジーに対する取り組みに動きがあった。

　まず、合成生物学をこの会議の議論に乗せることで合意がなされた。合成生物学とは、生物を人工合成しながら生命の仕組みを解明していく学問で、この技術の規制が提起されてから、この会議の開催時点ですでに七年がたっていた。この会議で最も注目を集めたのが、遺伝子ドライブ技術である。

　遺伝子ドライブ技術とは、ゲノム編集の仕組みを蚊などの生物に導入して、その種を大幅に減少させたり絶滅させる技術である。例えば、マラリアやデング熱を媒介する蚊の減少や絶滅を図るため、雌になる遺伝子を破壊する仕組みを組み込むとする。その遺伝子を受け継いだ蚊は雄だけを作り続けるようになる。その蚊が、自然界にいる野生の蚊と交雑すると、雄の子どもしか生まれなくなる。この交雑が繰り返されると、たった数百匹を放つだけで、次から次に雄しか誕生しないため、やがて雌しかいなくなり交雑がなくなり、その蚊を大幅に減少させるか、時には絶滅に追い込むことができるのである。

しかし、この技術がもたらす破壊力は大きいとして、世界中の科学者や環境保護団体などから強い懸念が示されていた。二〇一六年九月にハワイ・オアフ島で開催された世界自然保護会議で、この技術の停止を求める決議が出され、そこに多くの科学者が賛同を寄せている。

ＣＯＰ13では、遺伝子ドライブ技術への対策は合意されたが、具体的に検討を進めるためのリスクアセスメントの作業部会が解散された。今後、新たな作業部会が作られることになるが、長期間の空白が生じることになる。その間に、技術利用が進み、既成事実が積み上げられていくことが懸念されている。

人間の受精卵操作とブタからの臓器移植を容認

ゲノム編集は人間への応用も広がっている。この技術が登場したことで、生命倫理が壁となり、技術の暴走を防ぐ役割を果たしてきたふたつの分野で、いまその壁が破られつつある。ひとつは人間の受精卵の遺伝子操作であり、もうひとつは他の動物の組織や臓器を人間に移植する異種移植である。

人間の受精卵の遺伝子操作を行ったのが、中国・中山大学の黄軍就らの研究チームで、遺伝性の血液疾患をもつ夫婦の不妊治療として行われた体外受精で得られた受精卵を用いて、子どもにこの遺伝子が受け継がれないようにしたものである。

この中国での人体実験がきっかけになり、米英中の科学者を中心に二〇カ国の科学者が集まり国際会議が開かれた。元カリフォルニア工科大学学長・デイビッド・ボルティモアが呼びかけ、全米科学アカデミー、米国医学研究所、英国王立協会、中国科学院が主催し、二〇一五年十二月一～三日、米ワシントンＤＣにおいて国際会議が開催された。その結論として、人間の受精卵の基礎研究での応用を認めたのである。

そのため、日本でも二〇一六年四月二十二日に内閣府・生命倫理専門調査会が、やはり基礎研究に限定して容認する報告をまとめた。そして、米国でも二〇一七年八月にオレゴン健康科学大学の研究チームなどによって、人の受精卵への応用が行われたことが発表されたのである。こうして人間への応用の時代に入ったのである。

異種移植に関しても、二〇一六年六月二十一日、厚労省の研究班（異種移植の臨床研究の実施に関する安全確保についての研究班）が、これまで事実上、異種間の移植を認めてこなかった指針

（異種移植の実施に伴う公衆衛生上の感染症問題に関する指針）を見直す改定が行われた。

これまで異種間の移植が事実上認められてこなかった最大の理由が、ブタのＤＮＡに内在するウイルスの遺伝子が人間に持ち込まれる危険性である。その対策として米ハーバード大学の研究チームが、この技術を用いてブタのウイルス関連遺伝子を同時に多数箇所で破壊し、ブタのウイルスの感染力を大幅に低下させることに成功したことが報告された。これが異種間の移植の壁を取り払う上で大きな役割を果たしたのである。

コントロールを失った遺伝子研究

バイオ研究の最前線にあるのは、医療技術や医薬品の開発である。ゲノム編集技術や合成生物学以外にも、ｉＰＳ細胞を用いた再生医療、ゲノムコホート研究などが並行して進められている。最近、特に活発になっているのが、遺伝子情報のデータを収集し、そのビッグデータを用いてコンピュータ・アルゴリズムで解析し、未来予測を立て、医薬品や健康食品開発や売込みに用いようという動きである。

コホートとは、大規模を意味し、病気や健康に関する遺伝子の大規模な調査のことである。日本学術会議が提言して、産官学連携で「一〇〇万人ゲノムコホート研究」を本格化させようとしている。この研究は、一〇〇万人から血液などを採取し、同時に病気や健康に関する情報や家系の情報を得て、病気や肥満などの健康にかかわる遺伝子を探すことで、新たな薬品や治療法、健康食品などの開発につなげ、経済効果と結びつけようとするものである。

採取される人の同意は得ることになっているが、その人は「将来の医療や医薬品開発のため」といわれるだけである。その成果は、採取された本人には還元されないどころか、新薬開発に用いられ、企業などによる特許権独占をもたらす。

現在、東北大学と岩手医大による「東北メディカル・メガバンク」が進行している。事実上、一〇〇万人ゲノムコホート研究を先行実施したもので、一五万人を目標にしている。このメガバンクは、宮城県と岩手県の被災者を対象にしたもので、宮城県は東北大学、岩手県は岩手医大が担い、二十歳以上の地域住民八万人（地域住民コホート）と、三世代七万人（三世代コホート）を対象に生体試料を採取して、病気や健康に関する遺伝子を探し、遺伝子のビジネス化を進める。この研究には、全額、震災復興の予算があてられた。震災復興とは無関係なこのテーマに、である。

マイナンバー制度が始まり、この個人番号が医療情報とつながることになっている。それがさらにゲノムコホート研究につながる可能性がある。この研究は、人間の遺伝子のビジネス化であり、特許化・医薬品化が最大の目的である。しかし、その先には「遺伝的に問題のある家系」の管理や遺伝的淘汰へ至る道筋をつける可能性がある。また、ゲノム編集技術が応用される基盤づくりにもなる。

日本経済も知的所有権に依存する比重が増している。その切り札がバイオテクノロジーである。

このままだと、その研究・開発の促進によって、遺伝子管理化が進み、合成生物学やゲノム編集技術などの「神の領域」に深く入り込み、一歩間違えると大変に危険な技術が用いられる社会が訪れることになりそうだ。それぞれでいま起きていること、またその問題点に関して、細かく見ていくことにしよう。

第2章　ゲノム編集とは何か？

ゲノム編集とは？

いま、遺伝子組み換え技術に取って代わる勢いで、遺伝子操作に用いられているのがゲノム編集（Genome Editing）である。ゲノムとは、すべてのＤＮＡのことである。ということはすべての遺伝子のことでもある。それを自由自在に操れるようになることから「ゲノム編集」という言葉が作られた。いったい、どうやってゲノム編集を行うのだろうか。またゲノム編集とは一体、何だろうか。

ゲノム編集を現段階で簡潔に表現すると、目的とする遺伝子を壊す技術といえる。働きを止めたい遺伝子のＤＮＡを切断して、その働きを壊す技術である。目的とする遺伝子にまで切断する「ハサミ」を運ぶことが、ポイントである。目的とする遺伝子の運び屋がガイドＲＮＡで、ＤＮＡを切断するハサミの役割を果たしているのが「制限酵素」で、それらが組み合わされた技術である。

繰り返すと、目的とする遺伝子まで制限酵素を運び、その遺伝子を特定の個所で切断する。ＤＮＡを、切断・破壊して遺伝子を働かないようにしてしまう技術である。目的の遺伝子に誘導する手段と制限酵素の違いによって、第一世代「ＺＦＮ（ジンク・フィンガー）法」、第二世代ＴＡＬＥＮ（タレン）法」、第三世代「CRISPR/Cas9（クリスパー・キャスナイン）法」の三つの方法がある。これまでも遺伝子組み換え技術を用いて、遺伝子の働きを止める技術はあった。このように遺伝子の働きを止めることを「ノックアウト」という。これまでのノックアウト技術は複雑な操作が必要であり、ピンポイントで目的とするところを止めることは容易ではなかった。それがゲノム編集の第三世代「CRISPR/Cas9法」が登場して、容易にできるようになった。それによりゲノム編集が注目され、応用されるようになったのである。一九七〇年代に、それまで複雑な操作を必要とした遺伝子組み換え技術が、容易になることで一挙に普及するとともに、応用が広がっていった経緯とよく似ている。

制限酵素を用いてＤＮＡを切断するが、切断されたままだと細胞は死んでしまう。ＤＮＡには自然に修復する力があり、また接着する。その切断・修復の際、たいていの場合、突然変異が起きて遺伝子の働きは止められる。もし、自然修復して元通りになり、また遺伝子が働いた場合、再び制限酵素が働いて切断し、遺伝子の働きが止まるまで切り続ける。

突然変異が起きて働きが止められることになるが、それ以外に操作した形跡は残らない。そのため、操作した結果起きた変異か、自然に起きた変異か区別がつかないため、結果からは操作したかどうかが分かり難い。そこが問題点の一つになっている。

ゲノム編集について簡略に例をあげると、カエルやコオロギのメラニン色素に関連する遺伝子を破壊すると、色素が失われて白いカエルやコオロギが誕生する。しかし、自然界にもごく稀だが、メラニン色素の遺伝子が働かない白い動物が存在する。結果から見ると、両者に区別はない。

しかし、自然界で起きるのはごくまれであり、それは「異常」であり、時には「病気」である。その「異常」や「病気」を意図的に引き起こすのである。

ノックアウトの次はノックイン

この技術はまだ応用途上である。現在、遺伝子の働きを止める技術として応用が広がっている。さらにそれに加えて、ＤＮＡを切断した箇所が修復する際に、その部分に遺伝子を挿入することもできる。これを「ノックイン」という。ノックインの場合、特定の個所の遺伝子を止めて、その個所に新たな遺伝子を挿入することで、これまでの遺伝子組み換え技術ではできなかった、文字通りの遺伝子の入れ換えが可能になり、こまめな遺伝子操作が可能になる。例えば将来的に、ラットやマウスなどの皮膚を作る遺伝子を止めて、人間の皮膚を作る遺伝子を挿入すると、人間の皮膚を持ったネズミを誕生させることができる。まだまだ先の話とは思われるが、意外と早いかも知れない。医薬品メーカーや化粧品メーカーなどが、喉から手が出るほど欲しい実験用動物である。このように自在に遺伝子を操作できるため、この技術を「ゲノム編集」と呼んでいる。

遺伝子組み換え食品の開発も、これまでの遺伝子組み換え技術からゲノム編集技術へと大きく流れが変わる可能性が強まった。しかし、安全性などの議論はもちろん、社会的合意もないまま、技術だけが独り歩きし始めている。簡単になった技術だが、その結果、大変深刻な事態もあり得る。その技術の簡単さと深刻な結果の差の大きさが、この技術の問題点のもう一つである。

ゲノム編集技術の3世代

第一世代　ＺＮＦ（ジンク・フィンガー）法（一九九六年）
　ＺＮＦ蛋白質＋制限酵素ＦｏｋＩの融合蛋白質
第二世代　ＴＡＬＥＮ（タレン）法（二〇一〇年）
　ＴＡＬＥＮ蛋白質＋制限酵素ＦｏｋＩの融合たんぱく質
第三世代　CRISPR/Cas9（クリスパー・キャスナイン）法（二〇一二年）
　ガイドＲＮＡ＋制限酵素Cas9のＲＮＡ誘導型たんぱく質
ＺＦＮ蛋白質、ＴＡＬＥＮ蛋白質、ガイドＲＮＡが目的とする遺伝子の個所への案内役
ＦｏｋＩ、Cas9の制限酵素がＤＮＡを切断するハサミ

ゲノム編集の三世代

ゲノム編集の中の第三世代であるCRISPR/Cas9（クリスパー・キャスナイン）が登場して、この技術の応用が拡大した。９をはずして、CRISPR/Cas（クスリパー・キャス）ともいう。Casには数十種類があり、その中で第九番目の酵素が用いられている。

図2　ゲノム編集で生まれたマイクロブタと筋肉ブタ

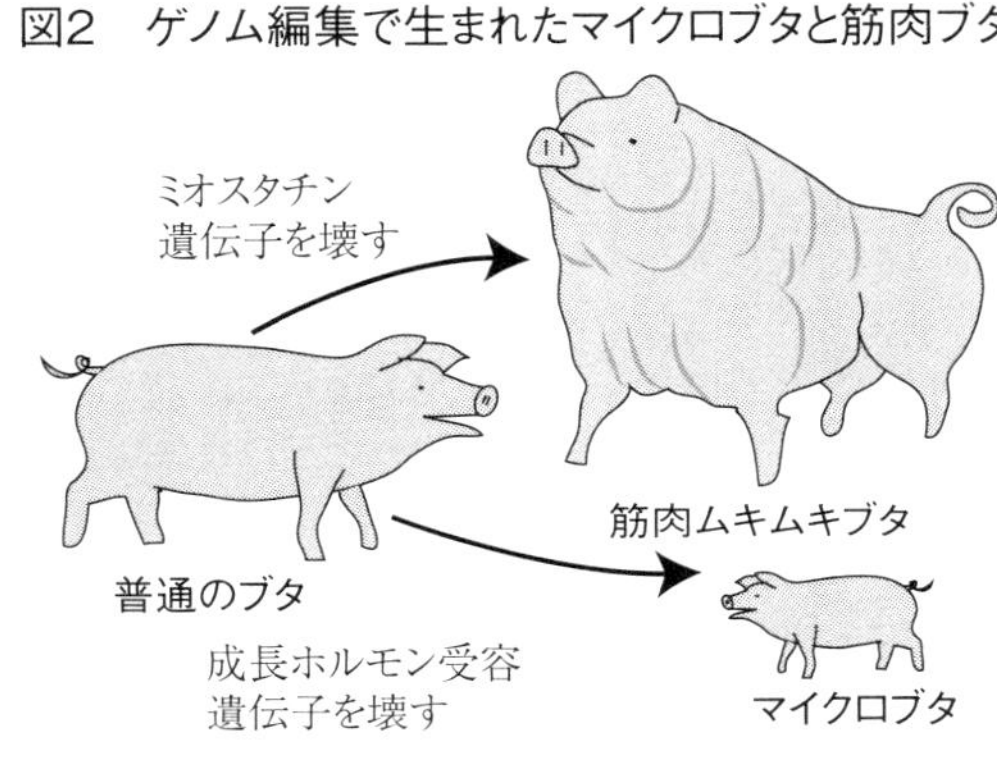

第一世代と呼ばれるＺＦＮ（ジンク・フィンガー）法は一九九六年には開発された方法で、ＺＮＦタンパク質と制限酵素のＦｏｋＩを融合したたんぱく質が用いられている。第二世代と呼ばれるＴＡＬＥＮ（タレン）法は二〇一〇年に開発された方法で、ＴＡＬＥＮタンパク質と制限酵素ＦｏｋＩの融合たんぱく質が用いられている。この融合たんぱく質を人工制限酵素とも呼んでいる。

しかし、第三世代のCRISPR/Cas9（クリスパー・キャスナイン）法が二〇一二年に開発されて、実に簡単な操作になったことから普及した。現在、ゲノム編集技術というと、このCRISPR/Cas9法を指すといっても過言ではなくなった。この方法は、ガイドＲＮＡと制限酵素Cas9を組み合わせたもので、これまでの二つのたんぱく質を融合したたんぱく質とは異なり、「ＲＮＡ誘導型たんぱく質」と呼ばれている。

いずれにしろ目的とした遺伝子を、制限酵素を用いて切断して、突然変異を起こさせて止める技術ということができる。遺伝子の働きを止めることで何ができるのか。現在もっともよく行われている操作に、ミオスタチン遺伝子を止める操作がある。この遺伝子は筋肉量を制御する遺伝子で、この遺伝子を破壊すると、筋肉の発達が制御できなくなるため、成長が早く筋肉が盛り上がった動物が誕生する。すでに鯛やフグといった魚や、牛や豚などの家畜に応用されている。また逆に、成長ホルモンの受容体遺伝子を壊すことで成長ホルモンが働かないため、小さなままの豚「マイクロブタ」も作られている（図2参照）。

生物の遺伝子は、その生命体に調和をもたらし、バランスをとるように働き、行き過ぎは制御する。その仕組みがあるから、異常事態にならなくてすむのである。一方で成長を進める仕組みがあると思うと、他方で成長を抑える仕組みがあり、定常性を保つようにしている。その仕組みに介入すると、コントロールを失うため、このような操作が可能になるが、しかし、生命のもっとも大切な仕組みを人為的に破壊してしまうことになる。このことが、この技術の最大の問題点である。

CRISPR/Cas9（クリスパー・キャスナイン）とは？

では、この技術を容易にした第三世代の技術である「CRISPR/Cas9」とは、いったいどんなものなのか。

この技術は、細菌の防御システムに眼をつけたものである。どのようなシステムかというと、細菌が侵入してきたウイルスから身を守る働きである。ウイルスは細菌に感染すると、ＤＮＡの

図3　ゲノム編集概念図

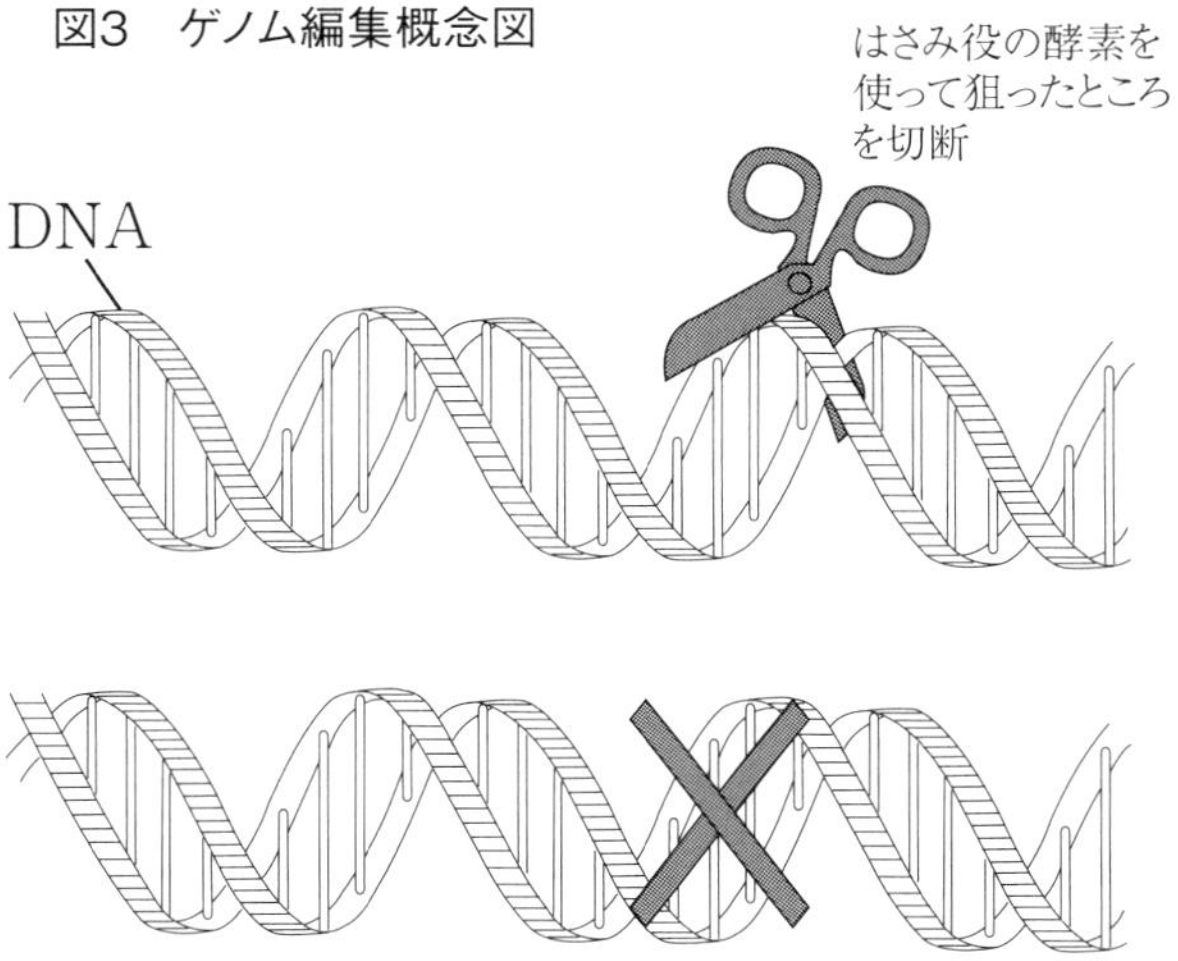

はさみ役の酵素を使って狙ったところを切断

DNA

DNAを切断することで、DNAの上に乗っている遺伝子の働きを〝壊す〟

形で細菌内のＤＮＡに潜り込み、じっとして時期を待つ。そして細菌のＤＮＡを利用して自分を増殖し、細菌を食い破って多数のウイルスが外に出てくる。ウイルスの生き残り戦略であり、増殖するための戦略である。そのためウイルスが潜り込むと細菌自体の生存が危うくなる。

そこで働くのが、「CRISPR/Cas」の仕組みである。細菌は、ウイルスが感染すると、その侵入したウイルスのＤＮＡを認識し、CRISPR内に取り込み、Cas酵素で切断して無効にする。この仕組みが、遺伝子操作に利用できないかと考え、開発されたのがCRISPR/Cas9である。

現在、このCRISPR/Cas9は、人間も含めた動物の場合、受精卵に直接導入する（マイクロマニピュレーター）方法が用いられている。しかし、植物の場合は、種子に直接入れることができず、細胞には厚い壁があるためここでも直接導入することができない。そのため従来の遺伝子組み換え技術の方法であるアグロバクテリウム法やパーティクルガン法を用いている。

ゲノム編集技術（CRISPR/Cas9）とは

ＤＮＡを狙った場所で切断する技術
CRISPRシステムの構成は以下の組み合わせ
　狙った位置に案内するガイドＲＮＡ（gRNA）
　ＤＮＡを切断する制限酵素（Cas9）
切断後自然修復する
　目的とする遺伝子のＤＮＡを切断
　自然修復する（元に戻ることもある）
　遺伝子の働きが止まるまで切断し続ける（ノックアウト）
　自然修復の際に目的とする遺伝子を挿入することもできる（ノックイン）

ゲノム編集技術は日本政府の新技術の柱に？

日本政府はいま、技術立国の柱として、ゲノム編集技術を推進している。内閣府が「戦略的イノベーション創造プログラム（ＳＩＰ）」を作成して、取り組みを始めた。その中に「次世代農林水産業創造技術（アグリイノベーション創出）」の取り組みがある。これはグローバル化の中で、日本の農林水産技術を戦略的に強化していくのが狙いである。実際の農林水産業を強化したり、農家を育成するのではなく、新たな技術開発を通して強化しようというのであり、その柱はイノベーションである。すなわち知的所有権を取得するのが主要な狙いであり、最終的には高度化された農産物にして販売しようとするものである。

次世代農林水産業創造技術の柱となる「新たな育種技術の確立」として最も力を入れているのが、ゲノム編集などの新技術開発で、その推進のためには、技術開発と共に社会的コンセンサスを得ることが大事だとしている。消費者に受け入れられなかった、遺伝子組み換え作物の二の舞になることを恐れているといっていいだろう。

イノベーションの柱になっているゲノム編集などの新技術だが、現在、これらの技術は、遺伝子組み換え生物の環境影響を避けるために制定されている「カルタヘナ法」の規制を受けるのかどうか、あいまいにされたままであるため、研究者の間では、規制を免れるよう働きかけると同時に、バイオテクノロジー応用作物・食品の研究・開発、栽培、販売での突破口にしようとしている。

その他にも農研機構・農業生物資源研究所が、ウイルス・ベクターを用いて、種子に直接遺伝子を導入する方法を開発している。これまで植物の遺伝子組み換えは、種子に直接入れられないため、細胞に導入して行われてきた。そのため商品化に至るまでに手間暇がかかることから、同研究所ではウイルス・ベクターを用いて、稲の種子胚に直接遺伝子を導入する技術を開発し、ゲノム編集技術に応用していくことを目的に、研究・開発を進めている。

人間にまで応用が広がっている

ゲノム編集技術は、作物だけでなく、動物や人間へも応用され始めている。この技術の特徴は、ＤＮＡを切断して遺伝子の働きを止めることにある。推進している多くの研究者が、この技術は安全だと主張している。しかし『インデペンデント・サイエンス・ニュース』誌で米国・生命科学資源プロジェクトの科学者ジョナサン・レイサム（Jonathan Latham）は、次のようにそのゲノム編集技術の安全神話を批判している。

第一の神話は、「ゲノム編集技術は間違いを起し難い」というものである。ＣＲＩＳＰＲは、目的としたターゲット以外にも作用することがあり得る（オフターゲット）。それは他の部位でＤＮＡを切断してしまうことを意味する。

第二の神話は、「ゲノム編集技術は精密に制御されている」というものである。ＤＮＡはその機能がまだ分かっていないことが多い。そのため、後で問題になることがしばしばである。例えば、ＣａＭＶ（カリフォルニアモザイクウイルス）35Ｓプロモーターは遺伝子組み換え技術で一般

図4　オフターゲット作用概念図

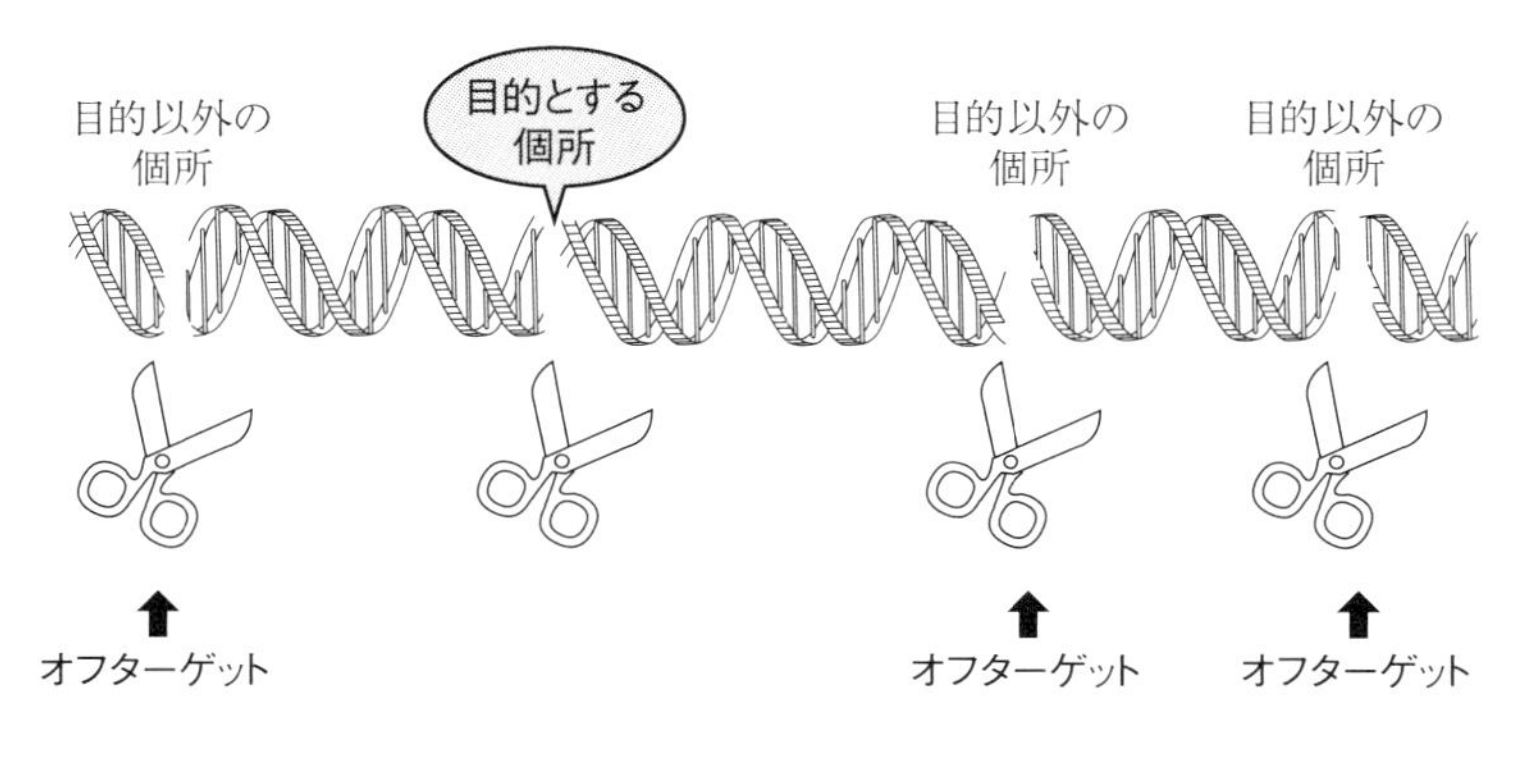

的に用いられているが、最初は考えられてもいなかった、小さなＲＮＡを大量に生成することが、後に明らかになってきたが、このようなケースは多数ある。

第三の神話は、「ＤＮＡの機能は変更が予測可能である」というものである。遺伝子の機能は、エピジェネティックな変異も含めて、年齢、環境、他の生物、遺伝子間のネットワークなど、さまざまな要因によって影響を受けている。そのため予測は不可能である。

（Independent Science News 2016/4/25）

『ニューサイエンティスト』誌でミカエル・ル・ペイジ（Micael Le Page）は、人の受精卵への適用に対して、その危うさを指摘しているが、その批判のポイントは、オフターゲット変異が起きる可能性があることと、デザイナーベイビーにつながる可能性があることである。（New Scientist 2015/3/16）

多くの科学者が批判しているのが、このオフターゲットと人への応用での優生学的危うさである。

ゲノム編集の問題点を一〇項目でまとめた。

ゲノム編集技術には、どのような問題点があるのか？

①生物の大事な機能を殺いでしまう
②狙った遺伝子以外を切断（オフターゲット作用）する可能性が高い
③複雑な遺伝子の働きをかき乱す
④ＤＮＡを切断するだけだと跡が残らないため、操作したどうかが分からなくなり、悪用が可能になる
⑤簡単な操作ででき、操作の簡単さと結果の重大さの間にギャップがある
⑥軍事技術への転用が容易
⑦遺伝子を操作するため、次世代以降に影響が受け継がれるケースが多い
⑧特許権争いで開発が過熱化している
⑨簡単にオンラインで注文できる
⑩民主的な手続きや市民参加の仕組みがないまま進行している

第3章　人の受精卵でゲノム操作、異種移植も

人の受精卵にゲノム編集操作

米国オレゴン健康科学大学のショーラート・ミタルポフ（Shoukhrat Mitalipv）らの研究チームが、ゲノム編集技術を人の受精卵に適用して、遺伝子を操作し成功したことが、二〇一七年八月二日付『ネイチャー』オンライン版に掲載された。人の受精卵にゲノム編集技術を用いたケースは、これまで中国で三例報告されているが、それ以外の国では初めてである。同大学の研究チームは、肥大型心筋症の原因となる遺伝子の変異を持つ精子と、その遺伝子の働きを壊すように設計したCRISPR Cas9を同時に卵子に注入している。それにより五八個の受精卵が作られ、その内四二個で遺伝子の変異が見られなかった、すなわち病気の原因がなくなったという。

研究チームは、受精卵は子宮に戻さず、臨床応用も考えていないとしている。また、ゲノム編集で問題になっている、意図しない遺伝子を壊してしまう「オフターゲット」も見られなかったとしている。

この実験について遺伝学・社会センターの所長マーシー・ダロフスキー（Marcy Darnovsky）は、概略次のように述べている。「この実験は明らかに生殖細胞の遺伝的改変を目的としたものであり、不妊治療を行うクリニックで実践可能な方法を開発することにある」「実験を行った研究者たちは，このような実験を行うに当たっては民主的な手続きと市民参加が必要であると認識しながら、それを無視している。また、遺伝子操作を必要としない既存の選択肢を無視したものであり、いったん商業利用が始まると、人の遺伝的改良をもたらすことになる」（Center for Genetics and Society 2017/8/2）

生物医学者であり弁護士で、実際にがん患者でもあるポール・ノイフェラー（Paul Knoepfler）は、次のような問いを発している。「いったい、この技術が安全で有効であることを立証するために、いくつの卵や胚が必要になるのだろうか。一〇〇〇個なのだろうか一万個なのだろうか。エピジェネティクスの問題はクリアしたのだろうか」（IPSCell.com 2017/8/2）

その他の多くの研究者が指摘していることが「遺伝的改変を次世代以降に伝えてはならない」という指摘である。国際テクノロジーアセスメント・センターの研究者ジェイディー・ハンソン（Jaydee Hanson）は「国は、ヒト胚を用いたゲノム編集技術の応用に対しては、資金の提供を停止すべきである」と述べ、トランプ政権に要請した。（International Center for Technology Assessment 2017/8/2）

また「人間の遺伝での警告（Hnman Genetics Alert）」の創始者で分子生物学者のデビッド・キングは概略次のように述べている。「ヒト受精卵へのゲノム編集の応用は、デザイナー・ベイビーをもたらし、おカネを持つ人と持たない人との社会的不平等を拡大し、優生学の社会をもたらしてしまう。私たちはいま、このような遺伝子操作の競争の禁止を求める時期に来ている」（The Guardian 2017/8/4）

国際的な一一の団体が発表した共同声明を『米国遺伝学誌（The American Journal of Human Genetics）』（2017/8/3）が掲載した。その声明は、現時点では人の妊娠に至るような生殖細胞へのゲノム編集は適切ではないが、基礎研究に限定して人の受精卵への応用を認める内容である。しかし将来、臨床応用が行われるとしたら、その前に、説得力のある医学的根拠、臨床応用を裏づける科学的根拠、倫理的正当性、公正で透明性の確保などを求めた。

名前を連ねたのは、米国人類遺伝学会（the American Society of Human Genetics）、遺伝看護およびカウンセラー協会（the Association of Genetic Nurses and Counselors）、カナダ遺伝カウンセラー協会（the Canadian Association of Genetic Counselors）、国際遺伝疫学会（the International Genetic Epidemiology Society）、米国遺伝カウンセラー学会（the National Society of Genetic Counselors）、米国生殖医療学会（the American Society for Reproductive Medicine）、アジア太平洋ヒトゲノム学会（the Asia Pacific Society of Human Genetics）、英国遺伝医学会（the British Society for Genetic Medicine）、豪州ヒトゲノム学会（the Human Genetics Society of Australasia）、アジア遺伝カウンセラー学会（the Professional Society of Genetic Counselors in Asia）、南アフリカ人類遺伝学会（the Southern African Society for Human Genetic）である。

もはや世界的に基礎研究に限定して人の受精卵への応用を認める方向にあり、同様の研究が英国や日本などほかの国に広がっていく可能性がある。このような研究が積み重なっていくと、現在の体外受精などの生殖補助医療同様に、抑えが効かなくなり拡大を続け、臨床に応用されていくことが考えられる。この場合、操作した遺伝子が世代を超えて受け継がれていくため、人による人の改造につながっていくことになりかねない。

まず中国から始まった

人間への応用を最初に行ったのが、中国・中山大学の黄軍就らの研究チームである。遺伝性の血液疾患である重度の貧血をもたらすβサラセミアをもつ夫婦の不妊治療として行われた体外受精で得られた受精卵を応用したものである。採取した受精卵八六個に対してゲノム編集技術で遺伝子を操作し、狙い通りに操作が確認されたのは四個だったという。この人体実験は、『蛋白質と細胞（Protein&cell）』誌二〇一五年四月号に発表された。

この遺伝子操作は倫理的に問題があるとして、黄らの論文は『ネイチャー』誌や『サイエンス』誌から掲載を拒否されている。しかし、この中国で行われた遺伝子操作の影響は大きく、英国へと波及した。

英国でもゲノム編集技術を用いて、不妊治療目的で、人間の受精卵の遺伝子操作を行う計画が進められていた。この操作を計画していたのは、ロンドンにあるフランシス・クリック研究所で、二〇一七年一月十四日にその承認の是非をめぐりヒト受精と胚研究機関（ＨＥＦＡ）で議論が闘わされた。

タブーに踏み込む

この中国での受精卵の遺伝子操作は、人間の受精卵のＤＮＡを切断して操作したことになり、人体実験に当たるといっても過言ではない。人体実験は、第二次大戦中のナチス・ドイツの実験が問題になり、第二次大戦後「ニュールンブルク綱領」を経て「ヘルシンキ宣言」が出され、厳しく規制されてきた。ナチスが行った実験は確かにひどいものだった。有名なのが、茶色の瞳に染料を注入して色が変わるかを見た実験、人間がどこまで高圧や低温に耐えられるかを見る実験などである。人体実験を認めると、人権が奪われることから厳しく規制されてきたのである。

中国での人体実験に対して、世界的に倫理面で問題があるとして波紋が広がった。これがきっかけになり、米英中の科学者が中心になり二〇カ国の科学者が集まり国際会議が開かれた。元カリフォルニア工科大学学長・デイビッド・ボルティモアが呼びかけ、全米科学アカデミー、米国医学研究所、英国王立協会、中国科学院が主催し、二〇一五年十二月一〜三日、米ワシントンＤＣにおいて開催された。その結論として、人間の受精卵についても基礎研究での応用を認めたのである。

そのため、日本でも二〇一六年四月二十二日に内閣府・生命倫理専門調査会が、やはり基礎研究に限定して容認する報告をまとめた。こうして人間への応用の時代にも入っていったのである。

タブーが次々と打ち破られる時代に入ったといっても過言ではなく、日本でも、いつ人間の受精卵への応用が始まるかわからない。それが今の状況だといえる。

以前、市民団体が「市民の遺伝子権利章典」をまとめたことがある。その章典の考え方が非常に大事になってきたといえる。

市民の遺伝子権利章典

私たちは、以下のように遺伝子不可侵の原則を宣言する

1、私たちは、遺伝的多様性を含む生物多様性を守る権利をもつ

2、私たちは、すべての生物について、その部分も含めて特許化させない権利をもつ

3、私たちは、遺伝子組み換えされていない食べものを手に入れる権利をもつ

4、私たちは、私たちの生物資源や伝統的知識について、産官学等による略奪行為を拒否する権利をもつ

5、私たちは、私たちと私たちの子孫の遺伝子を損なう物質や行為から守られる権利をもつ

6、私たちは、強制された不妊や断種から守られる権利をもつ。また、遺伝的スクリーニングなど優生学的手段から守られる権利をもつ。

7、私たちは、遺伝的プライバシーを守る権利をもつ。

8、私たちは、遺伝子に基づく差別を受けない権利をもつ

9、すべての人は、遺伝子操作されずに生まれる権利をもつ
10、私たちは、組織・臓器・細胞・遺伝子の資源化、商品化を拒否する権利をもつ
二〇一三年四月一八日　DNA問題研究会

ブタの臓器を人間に移植へ

さらにもう一つのタブーへも踏み込もうとしている。動物の臓器の人間への移植である。ブタの臓器を人間に移植するような異なる種の間の移植を、異種移植、あるいは異種間移植という。二〇一六年四月十日、厚労省の研究班（異種移植の臨床研究の実施に関する安全確保についての研究班）が、これまで事実上、異種移植を認めてこなかった指針（異種移植の実施に伴う公衆衛生上の感染症問題に関する指針）を見直すことになり、新指針案が厚労省審議会にかけられた。対象は、1型糖尿病にブタの膵臓にあるランゲルハンス島（膵島）細胞の人間への移植である。1型糖尿病の人は、生涯にわたってインシュリンを注射しなければならないが、その負担が軽減されるというのが、その理由である。改定された指針が同年六月十三日に各都道府県の保健担当者に示された。

これまでなぜ、異種間の移植が事実上認められてこなかったかというと、ひとつは拒絶反応の問題がある。異種移植の場合、人間同士の移植と異なり、移植してすぐに拒絶反応が起きるという問題がある。もう一つがブタのDNAに内在するウイルスの遺伝子が人間に持ち込まれる危険

性である。

拒絶反応に対しては、ブタの細胞の遺伝子を操作する方法の開発が進められてきた。米ハーバード大学の研究チームが取り組んでいるのが、ゲノム編集技術を用いて、人間の免疫細胞が異物ととらえる、ブタの細胞の表面にあるマーカーの遺伝子を破壊し、認識しないようにする方法である。すなわち、ブタの臓器と認識させないようにする方法である。もうひとつは、ブタの細胞の表面を特殊な膜で包み、人間の免疫細胞が攻撃しないようにする方法で、この方法を用いて国立国際医療研究センターが異種移植を計画している。

内在ウイルスの対策だが、厚労省研究班は、これまで海外で行われたブタの膵島細胞移植の臨床研究では、人間への感染例が見られないということを、異種移植容認の根拠にしている。しかし、それだけではまだ移植例が少なく、臨床研究の期間も短く、リスクが大き過ぎる。そのため今回の指針改定でも、生涯の経過観察期間を設定している。

そこで、いま注目されているのがゲノム編集技術を用いたウイルス遺伝子の不活化である。米ハーバード大学の研究チームが、この技術を用いてブタのウイルス関連遺伝子を同時に多数破壊して、ウイルスの感染力を大幅に低下させる研究を進めてきた。その成果が『サイエンス』（二〇一七年八月十日）に発表された。実験を行ったのはジョージ・チャーチ（George Church）らの研究チームで、デンマークや中国の研究者と共同で行っている。異種移植で最大の問題とされているのは動物に内在するウイルスの人への感染の問題と、拒絶反応にあるが、もし事実であればそ

図5　ゲノム編集と異種移植

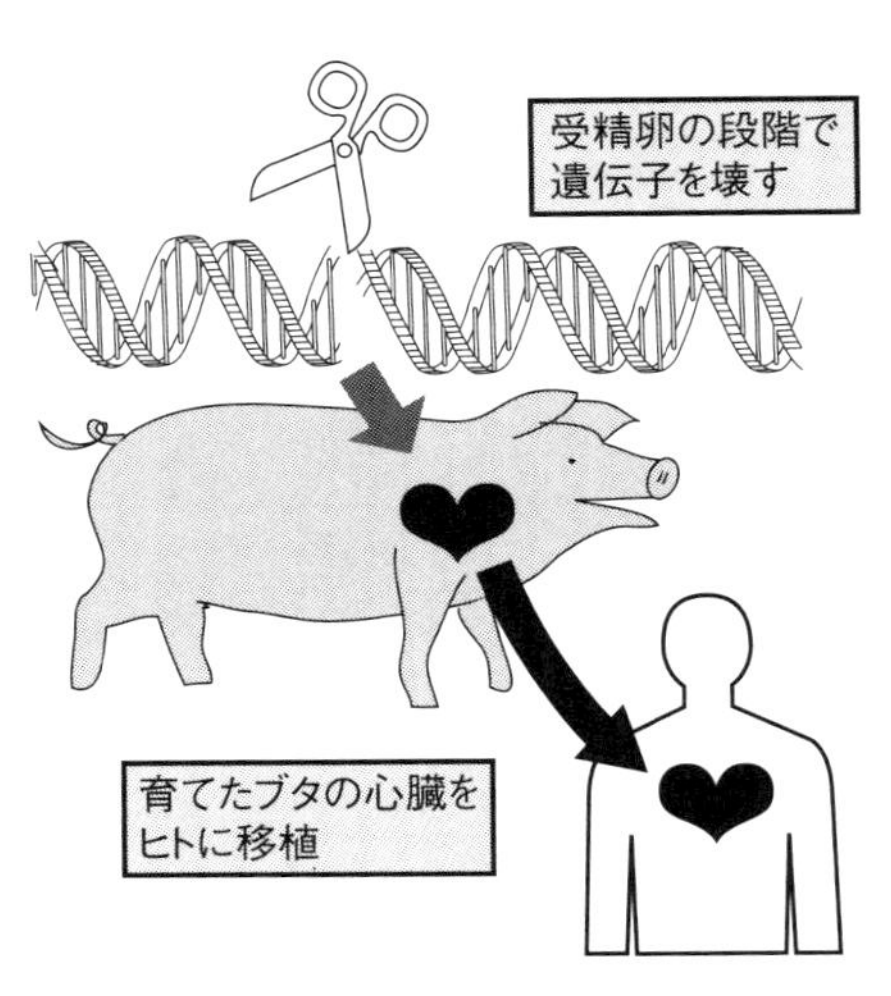

の一つの壁をクリアしたことになる。破壊したのはブタ内在性レトロウイルスである（AFP二〇一七年八月十一日）。

このように、異種移植もまた、ゲノム編集技術を応用することでタブーを破りつつある。

二〇一六年三月には、大塚製薬の研究チームがアルゼンチンで、糖尿病患者へのブタの膵島細胞移植を行い「効果があった」という報告を、国内の再生医療学会で行っている。まだ国内で行うと倫理違反になるため海外で行ったようだが、明らかに人体実験であり、倫理違反といわれても仕方ない行為といえる。

ブタのゲノム編集での操作が活発化すると、以前から移植医療が狙ってきたブタの心臓の人間への移植へと進む可能性が出てくる。すでに、豚の心臓をヒヒに移植し、二年半生存させたという報告があり、膵島の次は心臓だと、移植医療は考えているようだ。

異種移植の壁とその対策

拒絶反応	豚の細胞の表面にあるマーカー遺伝子を破壊 豚の細胞の表面を特殊な膜で包む
内在ウイルス	海外で行われたケースで人間への感染例が見られない ウイルス遺伝子の不活化

第4章　ゲノム編集された作物と家畜

加速する作物開発

バイオテクノロジーを用いた作物の開発は、遺伝子組み換えからゲノム編集に重点を移しつつある。とくに「CRISPR/Cas9（クリスパー・キャスナイン）」が登場して操作が簡単になり、作物の種類や応用範囲が拡大している。開発中の作物には、次のようなものがある。

すでに市場化されている作物も出ている。まず米国カリフォルニア州にあるベンチャー企業サイバス社が開発した除草剤耐性ナタネがあげられる。その他にマーガリンなどに加工した際にトランス脂肪酸を含まない大豆、変色しないマッシュルーム、芽に含まれる有害物質のソラニンやチャコリンといったアルカロイドを減らしたり、加熱した際に生じる発がん物質のアクリルアミドを低減させたジャガイモ作りが進められている。

ゲノム編集で種子市場の独占を狙って競っているのが、モンサント社とデュポン社である。遺伝子組み換え作物では、特許を押さえたモンサント社によって種子の支配が進んだ。そのため新世代の技術であるゲノム編集での特許権争いが過熱化している。

デュポン社はすでに、干ばつ耐性トウモロコシ、収量増小麦を開発しており、野外での栽培試験に入ろうとしている。米国農務省はいまのところゲノム編集について、遺伝子組み換え作物とは違い、規制の対象外という姿勢を取っており、開発が加速する可能性がある。

その他にも、ゲノム編集による樹木の開発も、米国・中国・スウェーデンで進められている。スウェーデンではポプラ（開花・成長・枝や葉や根の生産を操作）を開発し、野外実験を行おうとしている。

さらには緑藻からバイオ燃料を作る試みも中央大学の研究チームによって進められている。緑藻はエネルギーをでんぷんと油脂に変えて蓄える。その内、でんぷんに蓄える際に必要な遺伝子を壊し、油脂だけがたくさんたまるようにしたものである。同じように、オイル産生酵母も米国カリフォルニア大学リバーサイド校の研究チームが開発中である。

遺伝子組み換え・ゲノム編集稲が登場

そんな中、農業・食品産業技術総合研究機構（農研機構）が、ゲノム編集技術としては初めてとなる、遺伝子組み換え稲の隔離圃場での栽培試験を開始した。「シンク能改変稲」である。この技術は、遺伝子組み換え技術も用いており、そのためカルタヘナ法に基づいて申請された。ここでいうシンクとは、貯蔵能力のことである。この稲では、ＤＮＡを切断して遺伝子の働きを止めるCRISPR/Cas9遺伝子を組み込み、すべての組織で発現させている。遺伝子を導入するには、通常の遺伝子組み換えの方法であるアグロバクテリウム法を用いている。

この作物は、花芽の分裂を促進する植物ホルモンを分解する酵素の遺伝子を壊している。この

図6　シンク能改変稲

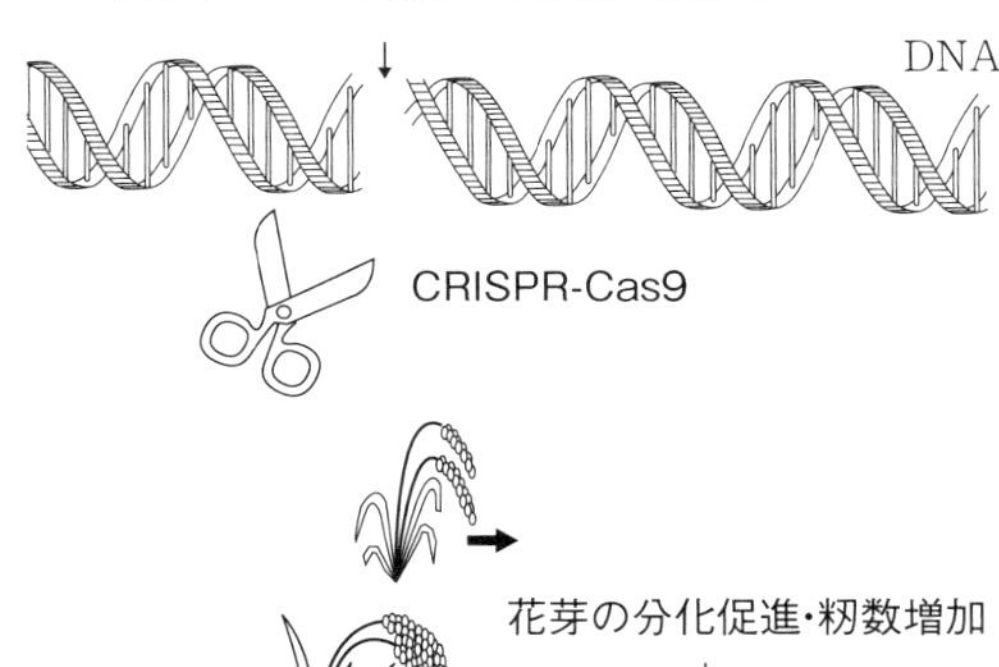

酵素遺伝子を壊すと、植物ホルモンが増加して花芽が増え、その結果、籾数が増加するのである。マーカー遺伝子として抗生物質ハイグロマイシン耐性遺伝子を用いている。同研究所の申請によると、二〇一七年四月から五年間実験を行う予定で、早くも、試験段階とはいえ、稲の野外での栽培が始まったのである（上図）。また中国でもゲノム編集技術を用いた稲の開発が進められている。中国農業科学アカデミーのYongwei Sunらが、ゲノム編集技術を用いて、澱粉糖のアミロースを増やす稲の開発を進めているという。

エピゲノミック改変作物登場

二〇一七年四月二十日、農研機構と弘前大学が共同で記者会見を開き、弘前大学が開発したエピゲノミック改変ジャガイモの野外での栽培試験を農研機構において始めることを発表した。このジャガイモは、以前はエピゲノム編集ジャガイモといっていた。ゲノム編集とは異なり、エピゲノムを操作したものである。弘前大学農業生命科学部が開発したもので、栽培試験は生物多様性への影響を評価するためのものである。

エピゲノム編集とは、遺伝子そのものではなく、遺伝子の働きを調整している、ＤＮＡを覆っているヒストンなどのたんぱく質を操作することで行う方法である。このたんぱく質は、ＤＮＡのメチル化（不活化）などをもたらし、遺伝子の働きを止めるなどの作用を行っている。

このジャガイモで止められた遺伝子の働きは、インベルターゼ遺伝子とＣＢＡＡＩ遺伝子の二つの遺伝子の働きである。インベルターゼ遺伝子を無効にすると、ポテトチップを製造する際の焦げを抑制できるとしている。ＣＢＡＡＩ遺伝子を無効にすると、アミロースでんぷんを低減させることができるとしている。アミロースでんぷんを低減させると、粘り気が増しモチモチ感が出てくる。

進む動物の改造

ゲノム編集技術を用いた動物の改造も盛んに行われている。とくに成果が発表されているのが、すでに述べたミオスタチン遺伝子（筋肉量を制御）を壊す操作である。筋肉量を制御できなくなった動物は筋肉質になるとともに、成長が早く巨大化していく。筋肉量の多い牛や豚が、テキサス

A＆M大学などによって開発され、成長の早いトラフグやマダイなどの魚を、京都大学大学院農学研究科が誕生させている。このミオスタチン遺伝子操作は、今後、最も応用される分野である。

そのほかにも、ブタでのゲノム編集技術を用いた操作が活発である。米ミズーリ大学のランダル・プレイザーらの研究チームは「ブタ繁殖・呼吸障害症候群（PRRS）」というウイルス感染症にかかり難いブタを開発している。ウイルスの侵入口にあたる蛋白質（受容体CD163遺伝子を破壊）を欠いたブタの誕生である。

中国の企業は、ミニブタよりもさらに小さな「マイクロブタ」を開発して、ペットとして売り込もうとしたことから、動物愛護団体、宗教団体などからの批判が起きた。開発したのは北京ゲノム研究所（BGI）で、通常の豚が一〇〇キログラム以上、ミニブタでも三〇～五〇キログラム前後あるのに対して、この豚はわずか一五キログラム程度の重さしかない。成長ホルモン受容体を壊して作りだした。

その他にも、角のない乳牛がリコンビネティクス社により開発されている。この会社は、元ミネソタ大学准教授スコット・ファーレンクルッグが設立したものである。卵アレルギーを引き起こさない鶏も、産業技術総合研究所、農研機構等の研究チームによって開発されている。アレルゲンになる蛋白質「オボムコイド」遺伝子を破壊したものである。さらには、メラニン色素を作る遺伝子（チロシナーゼ）を壊した、白いコオロギやカエルなどが、徳島大学や広島大学などの研究チームによって作られている。

ゲノム編集作物もまた、遺伝子を操作した作物であり、その点では遺伝子組み換え作物との違いはない。そのため、環境への影響、食品としての安全性、さらには消費者が知ることで選ぶことができる食品表示が必要になる。しかし、現在のところ、国際社会も日本政府も態度を明らかにしていない。かつての遺伝子組み換え食品の経緯の再現を見ているようである。

このゲノム編集での作物開発について、第三世界の人々のネットワークであるＥＴＣグループも同様に、遺伝子組み換え作物と同じ問題をもたらすとして、次のように批判している。

「この技術は、商業利用での強力な武器になり、農業に利用された際には農民の権利や食料主権が奪われる。また、この技術に与えられる知的所有権は、大半がバイテク企業に与えられており、これは種子支配をもたらし、食糧安全保障を奪う」（ETC Group 2016/6/8）。

第5章　ＲＮＡ操作始まる

ＡＩが農薬を救う？

米国モンサント社は六月十四日、ＡＩ（人工知能）システムを開発しているアトムワイズ社と共同研究を行うことを発表した。アトムワイズ社はこれまで医薬品開発などでＡＩの機能を用いてきたが、これからはモンサント社と共同で農薬の共同開発を行うことになった。各種の報道によると、モンサント社の農業生産性イノベーション責任者のジェレミー・ウィリアムズは「新しいソリューションの発見は重要」と述べ、アトムワイズ社の最高経営責任者のアブラハム・ハイフェッツは、「ＡＩシステムをこれからは害虫や病害とのたたかいに活かす」と述べているようだ。

どのようなことにＡＩを生かそうというのであろうか。現在、モンサント社をはじめとしたバイテク企業は、新しい種子開発について、遺伝子組み換えに加えて、ゲノム編集やＲＮＡｉ（ＲＮＡ干渉）技術を用いて取り組んでいる。これらとどのようにかかわるのだろうか。恐らく、ＡＩシステムを駆使して、新たな遺伝子組み換え作物や遺伝子組み換え作物に取って代わる新たな作物の開発、それと組み合わせた農薬の開発につなげていくのが目的のように思える。

遺伝子組み換え作物を推進している国際組織のＩＳＡＡＡ（国際アグリバイオ事業団）のニュース二〇一七年六月号は、ＣＡＡＳ（中国農業科学アカデミー）がグリホサート残留の少ない除草剤耐性綿を開発した、と伝えている。除草剤グリホサートに対して従来の五倍の耐性を示す遺伝子を見つけ出し、その遺伝子を綿に組み込むことで、グリホサートの残留を一〇分の一にしたＧＭ綿を開発したというのである。

バイテク企業の狙いのひとつに、このような新たな作物の開発が考えられる。というのは、アトムワイズ社が開発した「アトム・ネット・テクノロジー」は、ＡＩの持ち味として、ソフトウェア自体が分子間の相互作用を自己学習する仕組みをもっている。ということは、化学物質もさることながら、高分子であるＤＮＡの研究でも有効である。分子レベルということは、の相互関係といった分野で開発が進むものと考えられる。

ＲＮＡｉを応用した殺虫性トウモロコシ

さらには二〇一七年六月三十日、共同通信などのメディアは、米国ＥＰＡ（環境保護局）が前日の六月二十九日に、モンサント社が開発した殺虫性のＲＮＡ干渉（ＲＮＡｉ）トウモロコシを承認したことを伝えている。この承認は二年間という限定付きだが、次世代トウモロコシとしてモンサント社が力を入れているものである。害虫がこのトウモロコシを食べると、害虫の体内にＲＮＡが侵入して、害虫の遺伝子の発現を妨げ、死に至らせるというものである。このトウモロコシでは、根切り虫を殺すように設計されている。これまでは殺虫毒素（Bt毒素）を取り込ませて殺虫効果を発揮させていたが、ＲＮＡを取り込ませて遺伝子の働きを壊して、虫を殺すところに

図７　遺伝子情報の流れ

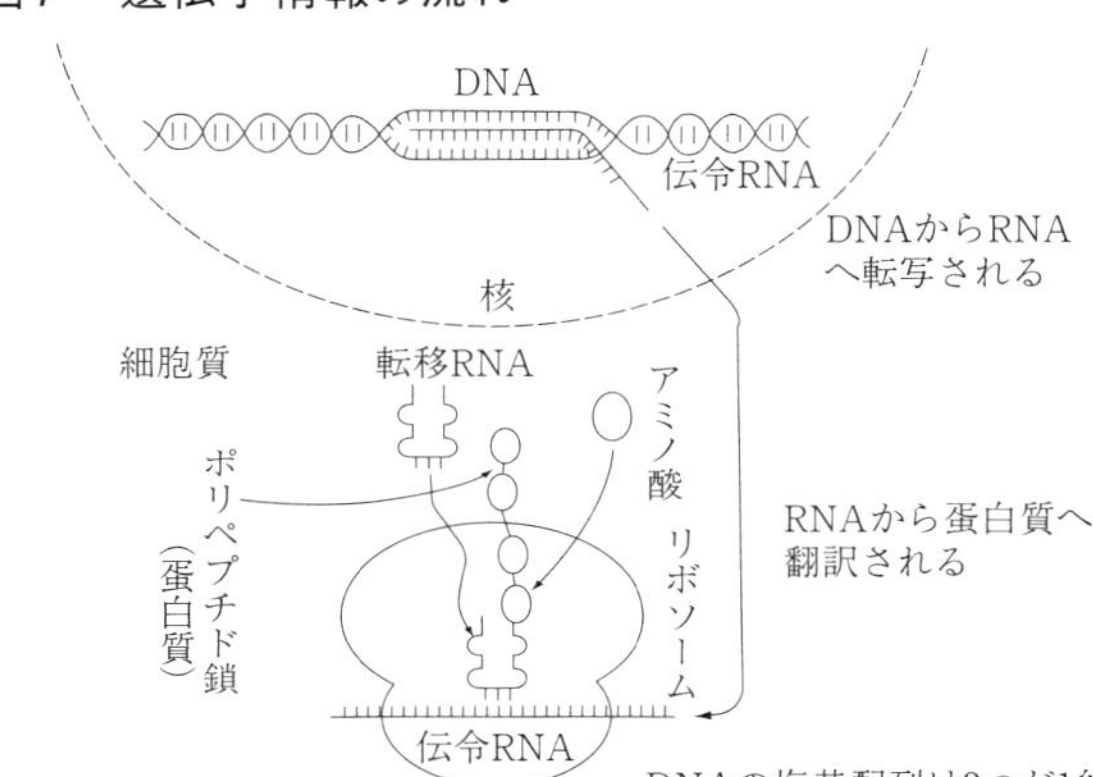

DNAの塩基配列は3つが1組となって、1つのアミノ酸を指令する。それを伝えるのがメッセンジャー（伝令）RNAで、その情報に基づいてアミノ酸をつなげていくのがトランスファー（転移）RNAである。アミノ酸がつながって蛋白質となる。

特徴がある。

ＲＮＡｉとは、遺伝子の働きを止める技術である。遺伝子の働きの流れは、まずＤＮＡにある遺伝情報がｍＲＮＡ（メッセンジャー（伝令）ＲＮＡ）に写される。このｍＲＮＡは一本鎖である。そのＲＮＡに転写された情報がｔＲＮＡ（トランスファー（転移）ＲＮＡ）の助けを借りて、アミノ酸をつないでいく。そのアミノ酸がつながったものが蛋白質である。

では、ＲＮＡｉ（ＲＮＡ干渉法）とはいったいどんなものなのか。働きを止めたい遺伝子があったとする。その遺伝子が作り出すｍＲＮＡ（メッセンジャーＲＮＡ）にぴたっと重なるＲＮＡを作り出し細胞に取り込ませ、働かせないようにするのである。導入したＲＮＡとｍＲＮＡがぴ

図８　ＲＮＡｉ（ＲＮＡ干渉法）の概念図

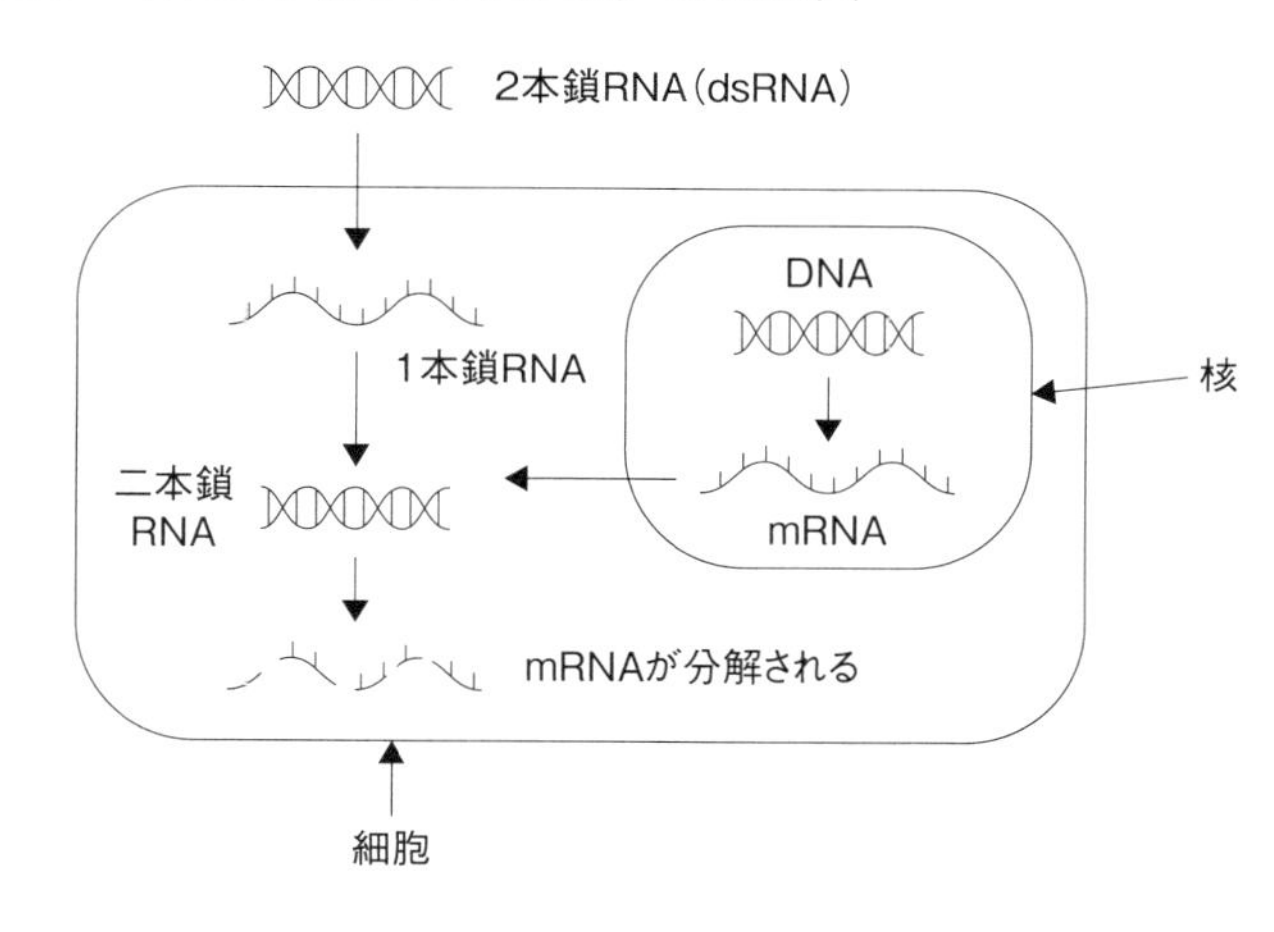

たっとくっつくと、ｍＲＮＡが分解されて、遺伝子が働かないようになるのである。

そのため、まず働きを止めたい遺伝子がもたらすｍＲＮＡとぴたっとくっつく構造を持つＲＮＡ構造を持つｄｓＲＮＡ（二本鎖ＲＮＡ）を作る。その人工的に作った二本鎖ＲＮＡが細胞の中に入ると、短い二本鎖のＲＮＡ（ｓｉＲＮＡ）になり、そのうちの一本鎖がｍＲＮＡとぴたっとくっつく。くっつくと、そのｍＲＮＡを分解してしまい、結果的に遺伝子の働きが止められてしまう。この方法を応用すると、容易に遺伝子の働きを止めることができるのである。

遺伝子の情報はＤＮＡの上に載っている。そのＤＮＡの情報がｍＲＮＡに転写され、そのｍＲＮＡの情報に基づいて、たんぱく質が作られていくが、通常はこの流れが、遺伝情報の仕組みとして紹介されている。このような流れをＤ

図9　DNAセントラルドグマ

	転写		翻訳	
DNA	→	mRNA （メセンジャーRNA）	→	tRNA （トランスファーRNA）

→　アミノ酸をつなげる　→　蛋白質

注　DNAセントラルドグマは、DNAを中心に据えて生命を見る考え方。DNAにある遺伝子の情報がRNAに伝達され、その情報に基づいてアミノ酸がつなげられ、たんぱく質ができるという一方通行の流れを生命現象の中心に据えた。しかし、その後、RNAからDNAが合成される逆転写という現象が確認されている。また、エピジェネティクスの役割や、環境が遺伝子など生命現象に及ぼす影響なども分かり、一方通行ではないことが明らかになり、この考え方は修正が迫られてきた。

NAセントラルドグマという。DNA中心の考え方である。しかし、後で述べるが、遺伝子の働きはこんなに簡単ではない。とくに複雑なのがRNAの働きである。RNAの働きに関しては、これまでほとんど研究が行われてこなかったし、よくわかっていないことが多い。RNAiはそのRNAの操作である。これまでの操作は、DNA操作である。この技術のポイントは、そのRNA操作である、といっていいだろう。

今後、このRNA干渉技術の応用として、RNAをスプレーで散布して植物に取り込ませ、グリホサート耐性遺伝子を壊して「スーパー雑草」対策にしようということも考えられる。また同様のスプレー散布で直接、害虫の体内に取り込ませて害虫を殺す仕組みも開発されている。植物に取り込ませる場合、シリコン界面活性剤を添加して直接気孔から取り込ませる方法のようである。新しい遺伝子操作作物を開発するとともに、このような新たな農薬の開発にもこのＡＩが生かされていくことになりそうである。

このようにＲＮＡｉはＡＩと組みながら、これから遺伝子組み換え作物やゲノム編集での開発と並び、あるいはそれに取って代わって開発の中心になりそうである。

シンプロット社のジャガイモが承認される

すでに米国で商業栽培されているＲＮＡｉ応用食品がある。それが日本市場にもやって来そうである。厚労省は二〇一七年七月二十日、新しい遺伝子操作作物の「ＲＮＡ干渉ジャガイモ」を安全と評価し、食品として流通することを承認した。このジャガイモは、米国Ｊ・Ｒ・シンプロット社が開発し、すでに米国では栽培され、流通しているジャガイモである。このジャガイモは、ＲＮＡ干渉法で遺伝子の働きを壊し、発がん物質のアクリルアミドを低減するとともに、打撲により黒く変色するのを抑えている。

このジャガイモは、カルタヘナ法に基づく生物多様性への影響評価が行われていないため、国内での栽培を目指したものではなく、輸入を目的にしている。そのためファーストフード店などでフライドポテトとして使用される可能性が大きい。また、七月二十七日、農水省がこのジャガイモの飼料としての使用を承認した。ジャガイモを飼料に直接使用することは考えられないことから、食品の余りが飼料に回された際のことを想定してのものと思われる。

ノックアウト技術

遺伝子の働きを壊すことを「ノックアウト」という。目的とする遺伝子を壊す方法にはいくつかある。以前よく試みられていたのが「アンチセンス法」である。遺伝子組み換え食品として最初に米国の市場で流通した「日持ちトマト」は、このアンチセンス法を利用して熟成遺伝子の働きを止めて、日持ちをよくしたものだった。しかし、直接生で食べる遺伝子組み換え食品だったため評判が悪く、市場からすぐ消えた。

このアンチセンス法もまた、RNA干渉を利用したものといえる。どのような方法かというと、DNAの情報がmRNA（メッセンジャーRNA）に写されるときに、そのmRNAにぴったとくっつき二本鎖のRNAを作り、その働きを止めてしまう方法で、その点ではRNAiと似ている。しかし、導入するのがmRNAとぴたっとくっつく配列を持つ遺伝子（DNA）を組み込む点が異なる。これは通常の遺伝子組み換え技術を応用したものである。それに対してRNAiは、二本鎖のRNAを用いる。

ゲノム編集技術も、現段階ではノックアウト技術の一つといえる。しかし、遺伝子を挿入する「ノックイン」も行うことができ、それが将来的には遺伝子組み換え技術に取って代わる可能性

図10　ＲＮＡの影響

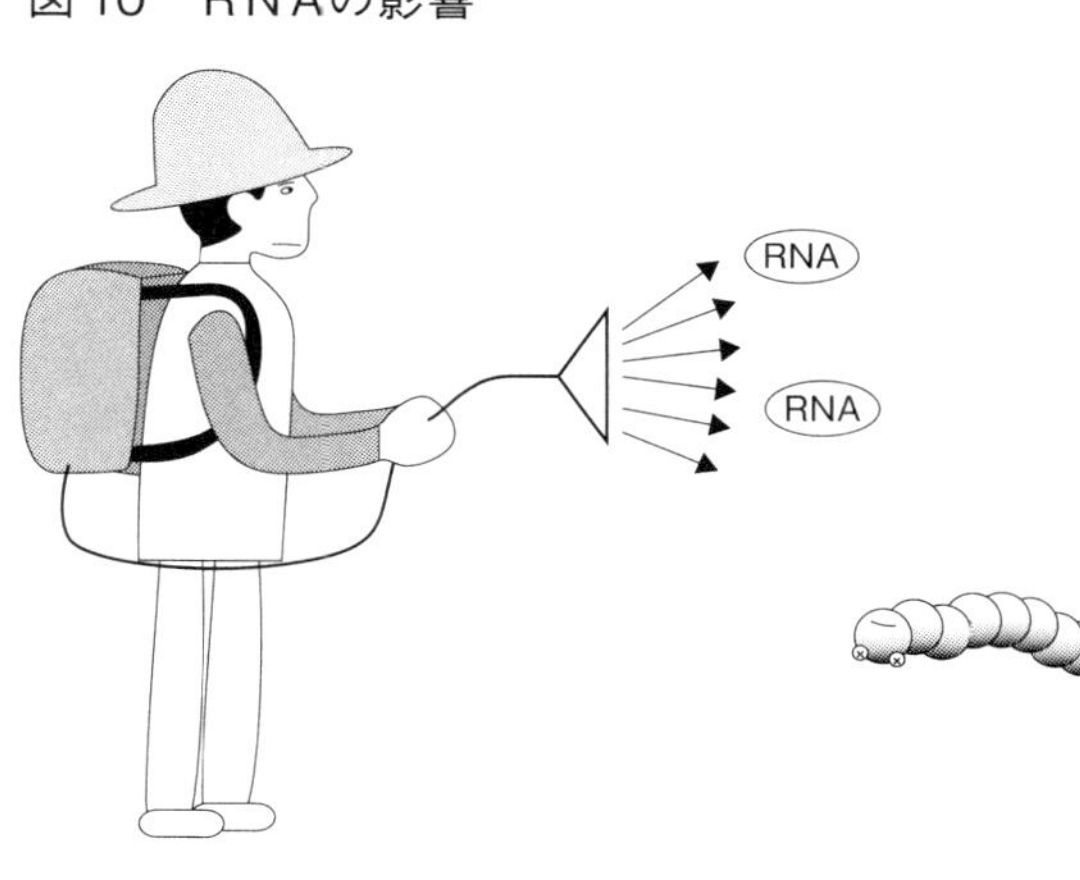

が強い理由である。ゲノム編集技術は、壊したい遺伝子を正確に、確実に壊すことができる。その正確さは、従来にはなかったものである。ＲＮＡｉ技術は、正確さ確実さという点では、ゲノム編集技術に比べて劣るかもしれない。しかし、その簡単さから応用範囲は拡大していくものと思われる。

問題点が多く指摘されている

しかし、ＲＮＡｉには多くの問題点が指摘されている。米国農務省農業研究局の研究者は、ＲＮＡｉに基づく作物や害虫対策の安全性を評価するのに現行の短期間の試験ではなく、生物の寿命の長さで影響を見る長期試験が必要であるという報告を発表している。すでに述べたように、現在、ＲＮＡｉを農薬のように散布して、害虫の遺伝子に作用し、成長を遅らせたり、殺したりする技術も開発されている。しかし、標的の害虫のみならず、益虫やその他の動物の遺伝子まで止めて、害を及ぼすのではないか、という懸念も強い。たとえば繁殖に必要な遺伝子を抑制してしまうなど予期せぬ影響が起こり得る。単に致死率を調べるだけでは、影響を十分に評価できない可能性がある。

米国の科学者で、バイオサイエンス研究計画のジョナサン・R・レイサムは、RNAはDNAに比べてはるかに複雑なシステムをもち、いまだにそれを理解する手段を持ち合わせていないと述べ、その応用の拡大に警告を発している。この指摘は重要である。これまで遺伝子の働きは、DNAを中心に見てこられた。しかし、DNAだけ見ると、人間も線虫などもその構造に大きな変化はなく、わずかな違いしか見られない。しかし、人間の遺伝子の仕組みは大変複雑である。その遺伝子の複雑さ、生命活動の複雑さ、奥行きの深さをもたらしているのは、実はRNAであることが、最近よくわかってきたのである。しかし、RNAに関する研究は、あまり行われてこなかったのである。

ノルウェーのバイオセーフティ遺伝子技術センターの科学者サラーフ・アガピトは、二本鎖RNA（dsRNA）の拡散は、生物に劣化などの問題を引き起こすと、警告を発している。また米国食品安全センターは、中国で行われたRNA干渉法で開発した作物を用いた動物実験で、肝臓にdsRNA断片が見つかったことがあり、人や動物に影響を及ぼす可能性があると指摘している。

このようにRNAi技術は安全面で未知な領域があまりにも大きく、食品として開発に用いる段階に達していないのである。そのためJ・R・シンプロット社のRNAiジャガイモは安全性で強く疑問がもたれており、同社のジャガイモを購入しているマクドナルド社は、このジャガイモを使用しないことを明言しているほどである。

新たなジャガイモも

さらに米国政府は次世代のＲＮＡｉジャガイモの商業栽培や国内流通も承認した。承認されたのは、やはりＪ・Ｒ・シンプロット社が開発した耐病性、打撲黒斑低減、発がん物質アクリルアミド低減の三つの性質を併せ持つジャガイモである。米国ではこの次世代タイプも栽培や流通が可能になったが、このジャガイモもまた、まもなく日本で食品としての安全審査にかけられる可能性が出てきた。

日本でも理研などがＲＮＡ干渉技術を用いてジャガイモの開発を進めている。二〇一六年七月二十六日、理化学研究所、大阪大学、神戸大学の共同研究チームは、ソラニンなど有害アルカロイドができないジャガイモを開発したと発表した。これはソラニンなどのアルカロイドにかかわる遺伝子を二つ見つけ出し、その遺伝子の働きを止めたものである。その方法としてＲＮＡ干渉技術を用いている。理研などによると、このＲＮＡｉジャガイモはアルカロイドが少ないだけでなく発芽の抑制効果もあったという。今後ゲノム編集技術を用いて、同様の開発を進めることができると述べており、開発はさらに続きそうである。

第6章　合成生物学の危うさ

合成生物学とは何か？

合成生物学とは、一言でいうと、「生物を合成することで生命を解明する学問」ということができる。いま、研究者の多くが参入している分野であり、これからのバイオテクノロジーの中心的なテーマになりつつある。

生命の解明は、今ある現実の生物を、より小さな構成要素に分解して分析していく方法で進められてきた。例えば、人だと、全身から始まり、組織や臓器、細胞、ＤＮＡ（遺伝子）という方向で進み、より小さい部分に生命の本質があると考えられてきた。そして遺伝子（ＤＮＡ）に行き着いた。その人間の遺伝子をすべて解析するというヒトゲノム解析が行われ、遺伝子が蛋白質を作る仕組みが解析され、その構成要素間のつながりが大切であることが明らかになってきた。しかし、生命そのものの解明には、まだ到底及ばず、まだその入り口に立っているところだといっても過言ではない。長い間、遺伝子研究の中心はＤＮＡセントラルドグマに拠っており、ＲＮＡの仕組みや働き自体まだ解明まで遠い彼方にある。ましてや生命の仕組み全体となると、解明の糸口すら見えていないといっていい。

それとともに、従来の生物学が行ってきた分解的方法から、それらの要素を組み立てていく構成的方法をとおして生命を解明していこうという考え方が強まった。それが合成生物学の始まりである。そのため合成生物学は、学問分野であるが、同時に具体的に生物を合成する方法でもある。その人工的に生物を合成的に研究する方法が、いくつか登場したことが大きかった。ｉＰＳ細胞の登場もそれに当たる。しかし、なんといっても米国Ｊ・クレイグ・ベンター研究所が行った人工生命の誕生が、ぐっと合成生物学を現実化したといえる。

人工的な生命体づくり

二〇一〇年五月二十一日、Ｊ・クレイグ・ベンター研究所が人工的な生命体を作成したというニュースが世界を駆けめぐった。これまで生命体は、自然に存在するものであり、人間が作り出せるものではなかったからである。人工合成した生命体は細菌という小さな生命体であり、まだ端緒に過ぎないとはいえ、「神ではなく、人間が初めて誕生させた生命体」である。

クレイグ・ベンターといえば、米国ＮＩＨ（国立衛生研究所）の研究者時代、ヒトゲノム（人間の全遺伝子）解析に取り組み、一九九一年には初めて、遺伝子特許を申請して話題となった人物である。この時はまだ、遺伝子が特許として認められることはなかったものの、十年後には遺伝子特許が当たり前になり、遺伝子特許化の先鞭を付けた人物である。

その後ベンターは、セレーラ・ゲノミクス社を設立して、ヒトゲノム解析を猛スピードで行うと宣言、実際それを実行し、世界中を驚かせた。二〇〇〇年六月二十六日、ホワイトハウスで開かれた「ヒトゲノム解析終了記念の式典」に、クリントン大統領（当時）と並び、祝った人物でもある。そのベンターが、ヒトゲノム解析が一段落した後、新たな目標に設定し、取り組み始めたのが、人工生命体づくりである。人間が「神の領域を冒し」生命体を誕生させようという試みである。

DNA合成の歴史を簡単に振り返ってみよう。DNAの人工合成に初めて成功したのは、一九七〇年のことだった。米国マサチューセッツ工科大学教授のH・G・コラーナによってである。DNAの一つ一つの単位であるヌクレオチドを七七個つなげた簡単なものだった。これ以降、DNAの人工合成は機械化が進み、DNA合成シンセサイザーが登場、自由自在の組み合わせができるようになった。しかし、最初に作られたDNAは、生きた細胞の中で働くことはできなかった。合成DNAが遺伝子として、最初に生きた細胞の中で働くことが確認されたのは、一九七六年、同じH・G・コラーナの手によってだった。

それ以降これまで、DNAのごく一部を置き換えることはできたが、すべて人工合成したDNAが遺伝子として働く生命体は、地球上に存在しなかった。ベンターは、初めてすべてのDNAを人工合成して、遺伝子として働かせたのである。人工生命誕生のニュースは、世界中を驚かせた。環境や人体に及ぼす影響は予測がつかず、封じ込められた環境中での使用以外認めるべきではない、という意見が相次ぐなど、その反響は大きかった。世界中の環境保護団体が動き、厳しい規制を求め、国際機関への働きかけに着手した。これまで地球上に存在しなかった生命体が環境や人体に及ぼす影響は予測がつかず、環境中への放出を禁止し、無期限で有効な監視体制が必要だと指摘した。

どのようにして人工合成細菌は誕生したのか？

クレイグ・ベンター研究所はどのように人工合成した細菌を作成したのか。この研究所は、この人工生命を誕生させるために、マイコプラズマという細菌の近縁種を二種類用いた。「マイコプラズマ・ジェニタリウム」と「マイコプラズマ・カプリコルム」である（以降、「ジェニタリウム」「カプリコルム」と略す）。この二種類を用い、三つの段階を経て人工生命を誕生させた。

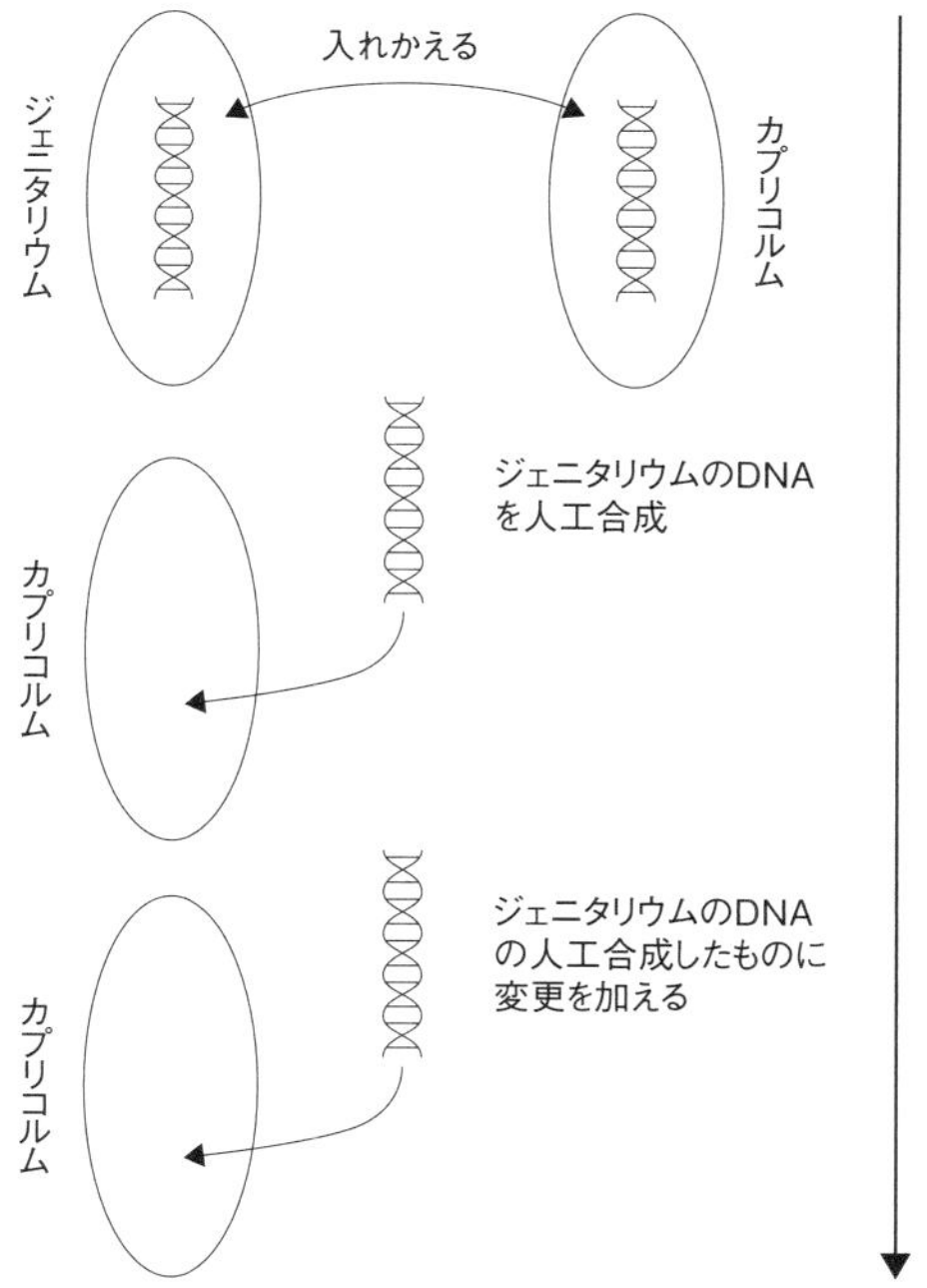

第一段階は、二〇〇七年

図 11　クレイグ・ベンターのステップ図

六月にこれら二種類の細菌のゲノム（遺伝情報）をそっくり入れ替えた。すなわち「ジェニタリウム」「カプリコルム」のゲノムを入れ替え、「他の生物」のゲノムをもつ生物を誕生させた（図11）。第二段階は「ジェニタリウム」のゲノムをすべて人工合成した。これを発表したのが二〇〇八年一月のことである。すでに述べたようにＤＮＡは、合成機械を用いれば自在に合成できるが、現在はまだ、長い配列のＤＮＡを作ることはできない。そのため、つなぎ合わせの技が必要となる。まず細かく合成したＤＮＡの配列を大腸菌に入れて大きな断片にする。その大きな断片を酵母に入れて、さらに大きなひとつながりのＤＮＡにした。

第三番目の段階が、そのひとつながりになったジェニタリウムの合成ＤＮＡを、カプリコルムに導入して働くことを確認した。それが二〇一〇年五月二十一日の発表だった。

合成したＤＮＡを導入したといっても、まだ自然界にあるモノをコピーしたにすぎない。そのため同研究所としては、ゲノムに変更を与え、それをカプリコルムに導入することを目指している。最初はごく一部の変更かもしれないが、最終的には自由自在な変更を考えている。もし人間がパソコンで自在にＤＮＡを合成して、その遺伝子で働く生命体を誕生させることができるようになると、いままで自然の仕組みの中で存在していた生命が激変する可能性がある。微生物の世界では、限りなくその段階に近づきつつあるといえる。

合成生物学は、このベンターの取り組みを柱に、そのほかにも、各種分野で進められている。基本的な考え方は、細胞を人工合成しようというものである。そのための細胞を覆っている容器の化学合成、細胞を構成しているゲノム以外の部品の合成と、それらを用いた回路づくりなどで、それらを組み合わせて人工細胞を作り上げるのが当面の目標になる。その道のりは遠いが、その過程で新たな科学的知見を見出すなど、大きな動きが起きる可能性がある。

人間のＤＮＡを合成⁉

ベンターの発表に次いで、今度もまた、とてつもない計画が発表された。米国の研究者が中心になり行おうという、ヒトゲノム合成計画である。この計画は、二〇一六年六月二日付『サイエンス』で発表された。十年かけて三〇億対から成り立つ人間のＤＮＡをすべて人工合成し、それを働かせるという計画で、「Human Genome Project-write（HGP-write）」と名付けられている。一九九〇年代から二〇〇〇年代前半に行われた大規模プロジェクト「ヒトゲノム解析計画」は、「Human Genome Project-read（HGP-read）」と名付けられた。ＤＮＡの配列を読み取ることからｒｅａｄだったが、今回は合成することからｗｒｉｔｅとしたのである。

発表からさかのぼる三週間前、米国ハーバード大学でこの計画を進めるために会合が開かれた。中心人物は同大学教授で遺伝学を専門にするジョージ・チャーチ、ニューヨーク大学教授で合成生物学を専門にするジェフ・ボークなどである。会議は招待された一三〇人の科学者、政治家、企業人だけで行われ、非公開だった。これまで生命倫理がからむ重要な会議は、市民の理解が前

図12　合成生物学が目指すもの

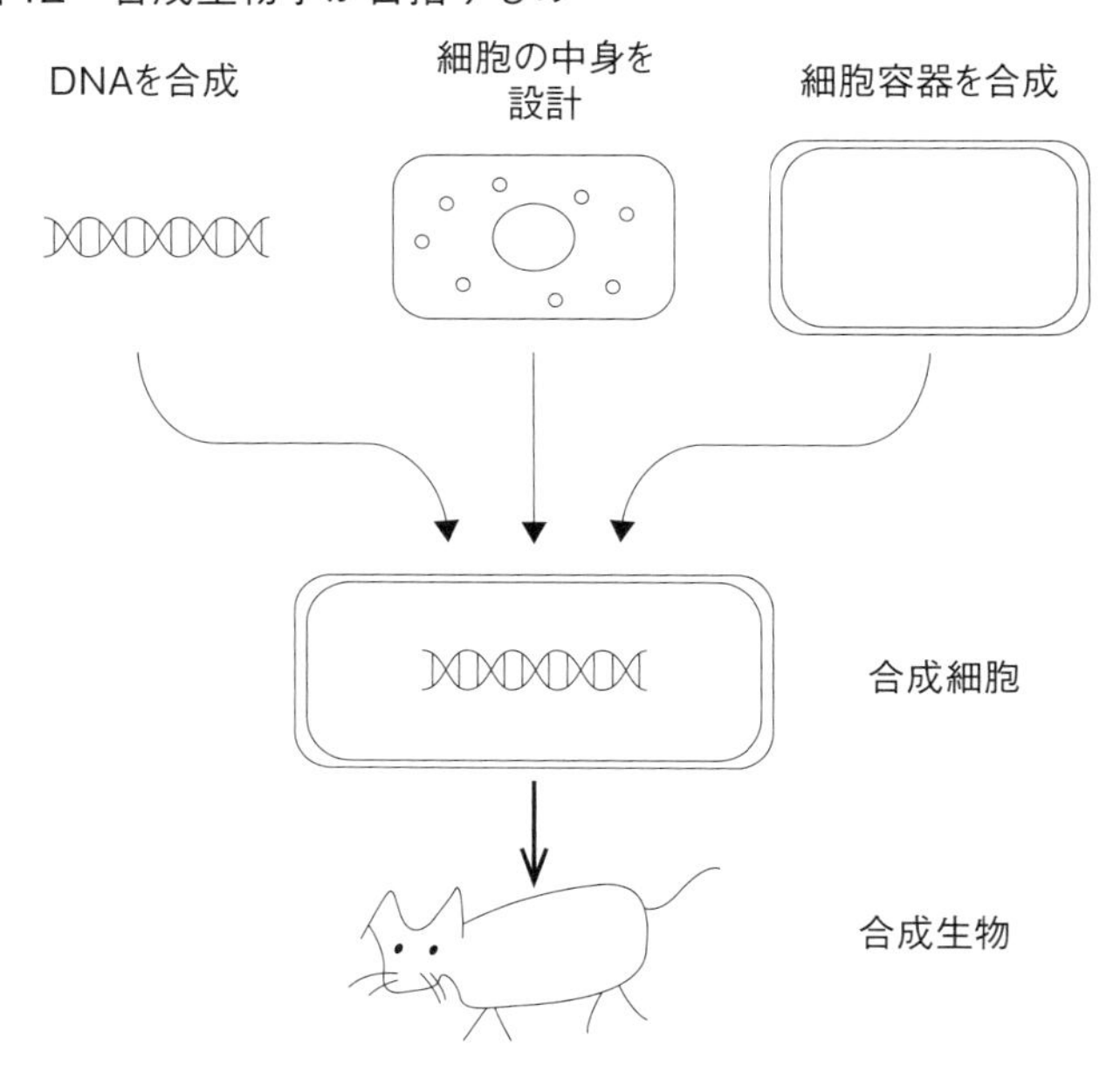

提であることから、原則的に公開されてきた。秘密主義は、それだけで生命倫理で一線を越える可能性があり、この計画の将来を指し示すものといえる。

人間の全DNAを人工合成するということは、どういうことか。すでにDNAの人工合成の経緯、すなわち、J・クレイグ・ベンターによる全ゲノムを人工合成して生きる生物を作り上げた経緯は述べた。

ベンターは、DNAの小さな断片を合成し、それをつなぎ合わせているが、今回の計画も同様のようだ。ヒトゲノムは三〇億という、通常の単行本三万冊という気の遠くなるほど多い文字数である。

第一段階は、小さな断片を合成していき、全ＤＮＡの断片を合成、それをつなぎ合わせ、最終的にはそのＤＮＡを働かせるというのが目的のようである。しかし、その先には自在に遺伝情報を変更させることも視野に入っていることは確実であり、「人間による人間の改造」という生命倫理の根幹にかかわる事態に発展しかねない。

ＲＮＡｉといいゲノム編集といい、人工細菌といい、ＨＧＰ‐ｗｒｉｔｅ計画といい、バイオテクノロジーの暴走が止まらない。これまで地球上に存在しなかった生命体が環境や人体に及ぼす影響は予測がつかず、生命倫理の根底を揺るがしかねない。無期限で有効な監視と規制が必要である。

第7章 種の絶滅をもたらす遺伝子ドライブ

世代を超えて受け継がせる

ゲノム編集を用いた生物の改造は、この技術を容易にしたCRISPR/Cas9が登場して以来、動物や植物での開発が進み、人間の受精卵を用いた実験も行われ始めた。それと並行して、この技術そのものの応用も進んでいる。最近、とくに議論が沸騰しているのが「遺伝子ドライブ」である。ゲノム編集は、すでに述べたように、特定の遺伝子を破壊する技術である。特定の遺伝子を破壊すると、生物を根本的に改造できる。筋肉の制御を支配する遺伝子を破壊することで、成長が早まり筋肉質のさまざまな動物や魚が開発されていることはすでに述べた。

このCRISPR/Cas9遺伝子を組み込み、世代を超えて受け継がせていくと、後代にまでずっと影響が及ぶようになる。次の世代、さらに次の世代と同じ遺伝子を破壊し続けることになる。これを応用したのが、遺伝子ドライブ技術で、すでに実用段階に達しているものもある。この技術が広がると、とんでもないことが起きるとして、科学者の間でもモラトリアムを求める声が広がっている。

例えば、蚊の遺伝子にCRISPR/Cas9遺伝子を組み込んだとする。そのCRISPR/Cas9は雌になる遺伝子を破壊するように改造したものだとする。この遺伝子を受け継いだ蚊は雄だけを作り続けるようになる。そうするとゲノム編集した蚊が、自然界にいる野生の蚊と交雑すると、雄の子

図13　従来の不妊蚊の大量放出

従来の大量放出では、数百万、数千万の蚊を放たないと簡単には、減少しなかった。

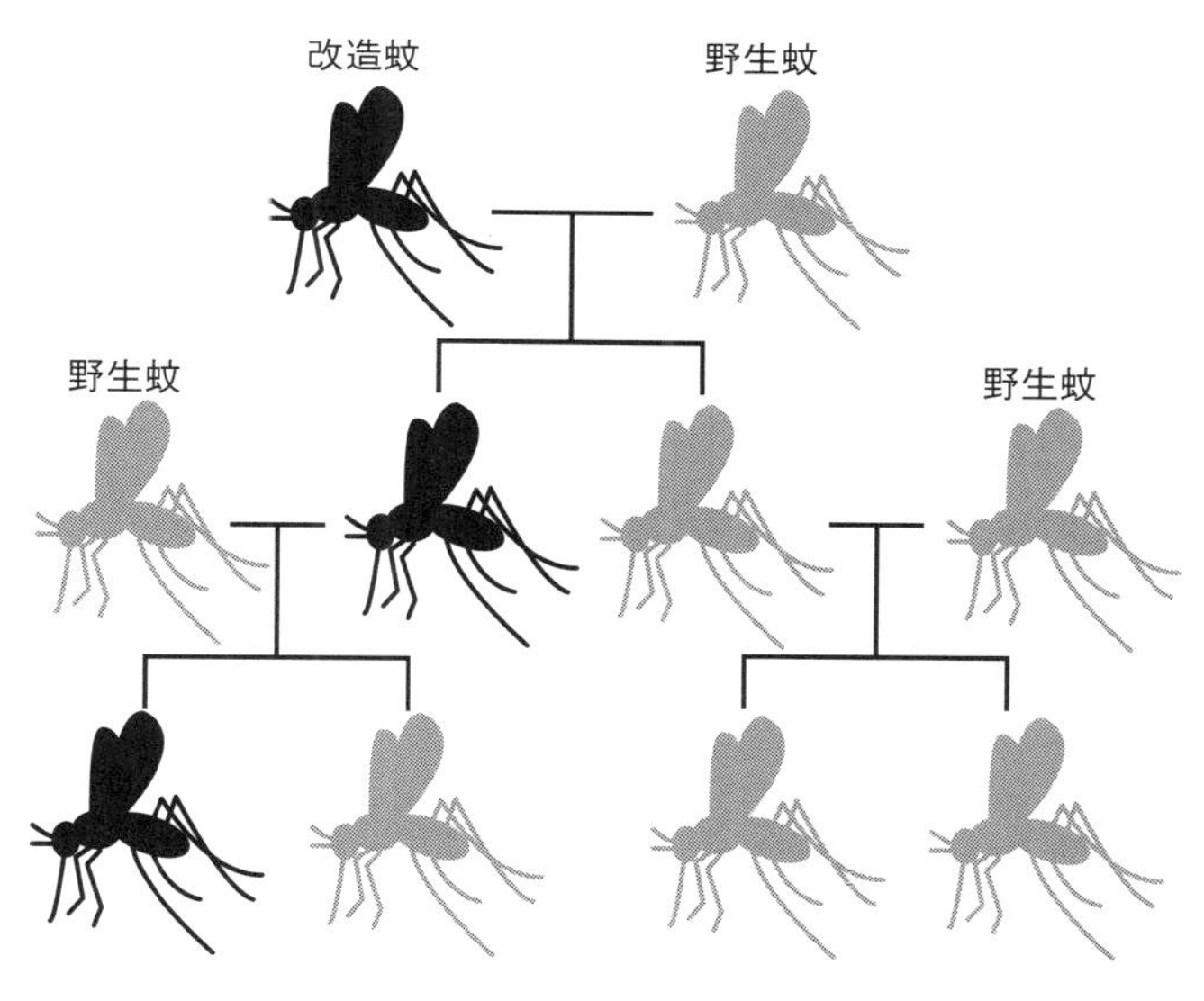

どもしか生まれない。この交雑が繰り返されると、たった数百匹を放つだけで、次から次に雄だけができるため、やがて雄しかいなくなり交雑がなくなり、その蚊は絶滅する。

対立遺伝子を変える

遺伝子ドライブ技術の最大のポイントが、「対立遺伝子を変える」点にある。雄と雌が交雑すると、雄の染色体と雌の染色体の一対の染色体が受け継がれる。それは人間でも同じである。その受け継がれた際に、雄の染色体にゲノム編集遺伝子を組み込み、それが受け

図14　遺伝子ドライブによって蚊を減らす方法

雌になる遺伝子を壊すドライブ技術を用いた「改造蚊」(雄)を交雑させると、やがて雄だけになり、種は絶滅する。

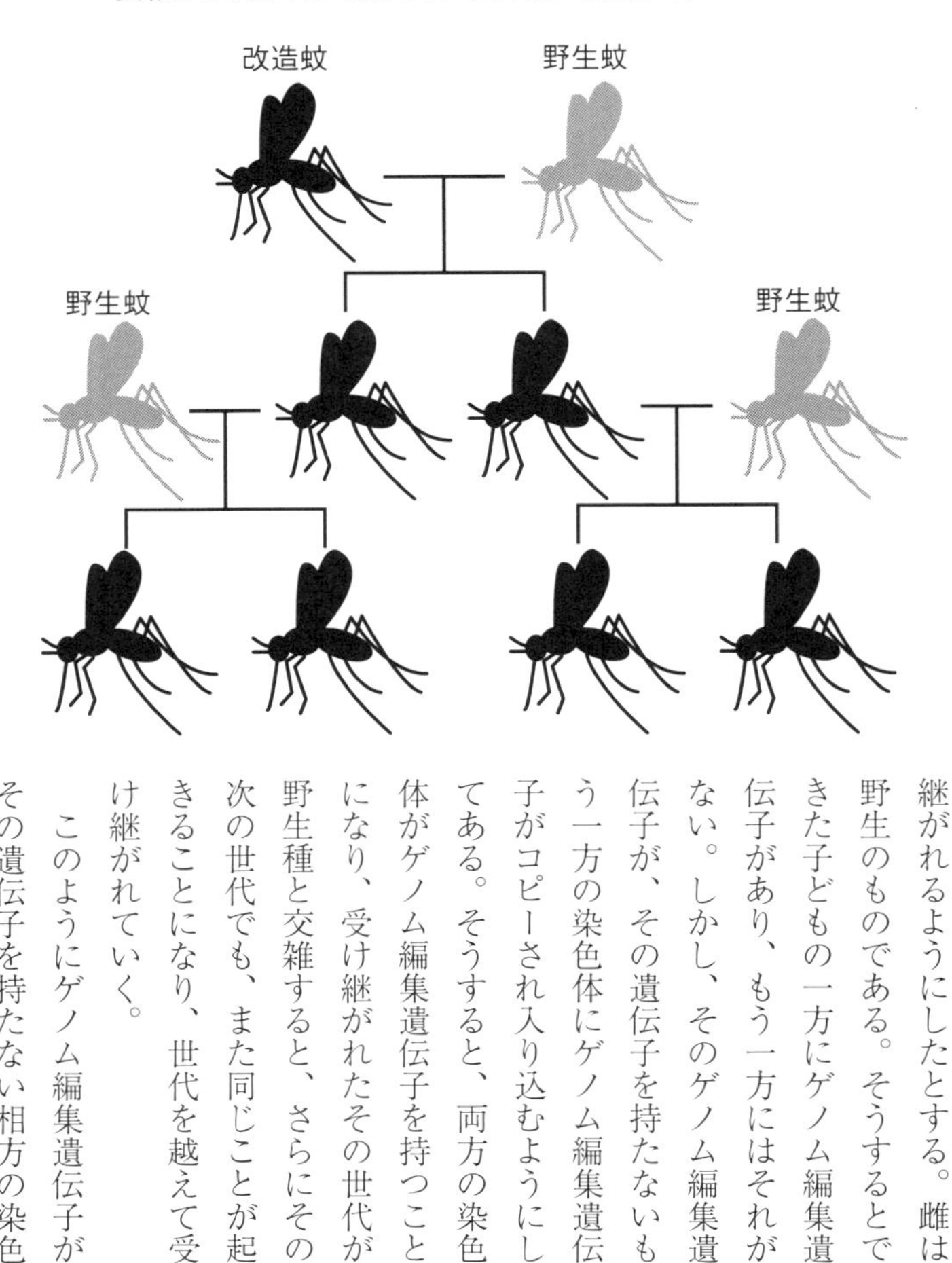

継がれるようにしたとする。雌は野生のものである。そうするとできた子どもの一方にゲノム編集遺伝子があり、もう一方にはそれがない。しかし、そのゲノム編集遺伝子が、その遺伝子を持たないもう一方の染色体にゲノム編集遺伝子がコピーされ入り込むようにしてある。そうすると、両方の染色体がゲノム編集遺伝子を持つことになり、受け継がれたその世代が野生種と交雑すると、さらにその次の世代でも、また同じことが起きることになり、世代を越えて受け継がれていく。

　このようにゲノム編集遺伝子が、その遺伝子を持たない相方の染色体にコピーされ入り込むのである。こうしてゲノム編集遺伝子は、確実に受け継がれ、次の世代、さらに次の世代でもＤＮＡを切断し続け、雄の子どもしか生まれなくなる。

これまでにも不妊の蚊を大量に放ち、蚊を絶滅に追い込もうとしてきた。この場合、数百万、数千万もの不妊の蚊を放たないと、簡単には減少することはなかった。というのは、生まれる子の蚊は、半分が不妊でない蚊になるため、交雑を起こすたびに不妊の蚊の割合が減っていくからである（図13）。それに対して、ゲノム編集技術を用いると、ほっておいても雄にどんどん置き換わるため、簡単に種全体に影響を与えることができる。

このようにある生物種を絶滅させたいと思った場合、CRISPR/Cas9遺伝子を受け継ぐようにすると、それが可能になる。ただし、この技術が使えるのは、有性生殖の生物に限られるため、細菌やウイルスには使えない。また、人間や象など世代交代がゆっくりの生物の場合は、あまり有効には働かない。それでも、その応用の範囲は広い。とくにターゲットになっているのが、マラリアやデング熱などの病気を媒介にする蚊である。

科学者による重大な懸念

遺伝子ドライブ技術は、それが応用されると、生物多様性に甚大な影響をもたらすとして、自然保護団体が重大な懸念を表明している。二〇一六年八月下旬にハワイ・オアフ島で開催された世界自然保護会議で、遺伝子ドライブ技術の停止が決議された。同会議ではジェーン・グードル（DBE）、デビッド・スズキ（遺伝学者）、フリチョフ・カペラ（遺伝学者）、アンジェリカ・ヒルベック（昆虫学者）、ネル・ニューマン（生物学者）、ヴァンダナ・シヴァ（環境科学者）など多くの科学者からメッセージが寄せられ、八月二十六日にそれらのメッセージが公開された。そこでは「この技術は基本的に種の絶滅を目指す技術である」として、強く批判している。

さらにメキシコのカンクンで同年十二月四日から十七日まで開催された、生物多様性条約第一三回締約国会議（COP13）で、世界中の六大陸一六〇もの環境保護団体、消費者団体、科学者グループなどが声明を発表し、遺伝子ドライブ技術の中止を求めた。この声明では、遺伝子ドライブ技術は国家主権、平和、食糧安全保障を脅かし、さらに生物多様性へ不可逆的で重大な脅威を与えるとして、各国政府に対して、この技術の開発と自然界への放出の中止を求めた。一六〇団体には、声明を呼びかけた第三世界ネットワーク、社会と環境に責任を負う欧州科学者ネットワークなどのほかに、世界一二七カ国一〇〇〇万人以上が加盟している国際食品労働組合連合会、世界の農民運動をけん引しているビア・カンペシーナ（農民の道）、国際的な先住民組織Ｔｅｂｔｅｂｂａなどが参加しており、日本からは日本消費者連盟と遺伝子組み換え食品いらない！キャンペーンが名を連ねた。

遺伝子ドライブは軍事利用でも重大な懸念が示されている。ゲノム編集技術で毒素を増幅するようにして、遺伝子ドライブで世代を超えて受け継ぐようにさせた蚊を放出すると、わずかな数を放出させただけでも、次々に毒素を増幅させた蚊が作られ続け、人々を襲うことができる。このようなことが可能であることから、生物兵器として軍事利用も考えられている。

『ＭＩＴ　テクノロジー・レヴュー』（二〇一六年二月九日）は、遺伝子ドライブ技術が大量破壊兵器に応用される可能性がある、と指摘した。同誌は、米国政府中央情報局、国家安全保障局、その他六つのスパイや情報収集機関の内部情報の中で公開されたものを集めた年次報告を紹介し、問題点を指摘している。なぜ遺伝子ドライブ技術が問題かというと、とくに「CRISPR/Cas9」は科学研究に革命をもたらす上に、低コストで操作も簡単で、広がりやすいからであると結論づけている。

実に危険な技術が開発されたものである。

第8章　遺伝子組み換え作物・食品の二十年

遺伝子組み換え作物の栽培始まる

これまで新たな遺伝子操作技術についてみてきた。これらが登場してきた背景には、新たな操作方法の登場があるが、同時にこれまでの遺伝子組み換え技術の問題も横たわっている。遺伝子組み換え問題の歴史を振り返ってみよう。

遺伝子組み換え技術を用いて作物の研究や開発が始まったのは、一九八〇年代前半である。その前後に、モンサント社など農薬を製造している化学企業による種子企業買収ブームが起きる。将来の食料は遺伝子組み換え作物が中心になり、種子を制する者が食料を制することを読んでの戦略であった。

一九八〇年代後半に、遺伝子組み換え作物の野外の圃場での試験栽培が始まった。この時に問題になったのが、環境への影響評価だった。遺伝子を操作した生物はこれまで地球上になかった、改造された生物である。これが環境中に逃げ出し繁殖したりして、生態系に悪影響を及ぼす危険性が懸念された。とくにヨーロッパではこのことが大きな論議を呼び、一九九〇年には遺伝子組み換え生物の環境放出を規制するＥＵ（欧州連合）指令が出された。

いよいよ市場化が間近に迫った一九九〇年頃、またもやモンサント社など化学企業による種子企業買収ブームが起き、種子開発の主役が種子企業から巨大化学企業へと、完全に移行したのである。同時に、遺伝子組み換え作物の栽培・流通が始まるということで、食品としての安全性評価が問題になってきた。というのは、これまで食べたことがない新しい食品であり、何が起きるか分からなかったからである。日本では厚生省（当時）が遺伝子組み換え食品の「製造指針・安全性評価指針」を作成したのは一九九一年十二月のことだった。ただしこの場合の食品はまだ、微生物に作らせる食品・添加物が対象で、作物は入っていなかった。

　ＯＥＣＤ（経済協力開発機構）が遺伝子組み換え食品の安全性について検討を加えてきたが、一九九二年になりＯＥＣＤ内に作られたＧＮＥ（遺伝子組み換え食品専門委員会）が、「実質的同等」の概念を導入し、各国がこの考え方を採用した。もともとＯＥＣＤは、国際的に経済活動を活性化させる機関であり、そこが食の安全の方針を決めること自体おかしなことだが、この実質的同等の考え方が、広まることになる。当時、厚生省の役人が何と言っていたかというと、「トマトも遺伝子組み換えトマトも同じトマトです」と。遺伝子組み換え食品がこれまでになかった新たな食品だという認識はなかった。

　一九九五年一月からＷＴＯ（世界貿易機関）体制始まった。それまでのＧＡＴＴ（関税及び貿易に関する一般協定）と異なり、国際組織として強制力を持った機関として設立され、農産物の国際流通圧力が強まることになる。その背景の一つに、巨大多国籍企業による遺伝子組み換え作物の売り込みがあった。

　この年、米国で世界では初めての遺伝子組み換え食品である「日持ちトマト」が販売された。

しかし、このトマトはいくら加工用とはいっても、美味しくなかったことに加えて、ケチャップやピューレのように生で食べることから消費者に受け入れられることがなく、すぐに消滅したのである。

翌一九九六年が遺伝子組み換え食品元年ともいえる年である。米国・カナダで遺伝子組み換え作物の本格的栽培始まった。この時栽培されたのは、トウモロコシ、大豆、ナタナ、ジャガイモの四作物だった。最初の作付面積は、一七〇万haで、今日の栽培面積の一〇〇分の一の広さだった。米国で栽培が始まったことから、日本にも入ってくるということで、同年九月には作物も対象にした遺伝子組み換え食品の安全性評価指針がつくられ、年末から輸入が始まった。十一月に市民団体・遺伝子組み換え食品いらない！キャンペーンが日本消費者連盟の中に設立され、消費者を中心に市民運動が拡大していくことになる。

お粗末な表示制度が作られる

最初は遺伝子組み換え食品かどうかを見分ける表示がなかった。日本では市民運動が中心的な課題として取り組んだのが、表示をさせることだった。ここから今日に至るまで市民による表示問題の取り組みは続いており、長い闘いがこのとき始まったといえる。市民運動は最初、署名運動に取り組むとともに、県や市町村に決議をあげさせていく取り組みが並行して取り組まれた。

その結果、東京都が最初に決議を上げたのを皮切りに、最終的に全国で一〇〇〇を超える自治体が遺伝子組み換え食品表示を求める決議をあげ、その結果、政府も食品表示の検討を始めざるを得なくなったのである。

茨城県で開催された大豆畑トラスト運動全国交流集会（2012年）

遺伝子組み換え食品の表示制度が始まるのは、二〇〇一年四月のことだった。しかし、この制度は豆腐、納豆、味噌程度しか表示されない、消費者にはほとんど役立たないものだった。それは蛋白質やＤＮＡが残っていないため製品を検査しても遺伝子組み換え原料が使われているかどうか分からないものは、表示の対象から外したためだった。そのため、遺伝子組み換え作物を原料としてもっとも使う食品の食用油や醤油などが、表示の対象外になってしまった。「なぜこんなお粗末な表示制度になってしまったのか？」という問いに対して、表示制度を作成した農水省の担当者は「米国からの食料輸入に影響がないようにするためだ」と答えていた。

消費者運動は、有機農家などとともに運動を広げていった。その市民運動は表示を求める署名運動とともに、大豆畑トラスト運動を開始したのである。この大豆畑トラスト運動は、一九九八年五月にスタートした。

なぜ遺伝子組み換え大豆が日本に入ってくるのか、それは日本の自給率があまりにも低いからだ。ではどうすれば自給率を上げることができるのか。農家に任せるだけではいけない、消費者も自給率を上げるために、農家と一緒になって取り組む必要がある、ということで始まった運動である。

環境への悪影響を避けるカルタヘナ法はできたが

遺伝子組み換え作物の規制に向けて、国際社会も動き始めた。

一九九二年にブラジルのリオデジャネイロで開催された国連環境開発会議（地球サミット）で生物多様性条約が成立していた。地球環境を守るための条約のひとつである。その中に特別に遺伝子組み換え生物などについては別途、実効性のある規制が必要だということで、バイオセーフティ議定書の作成が求められた。

そして二〇〇〇年一月に南米コロンビアのカルタヘナで開かれた会議において、「カルタヘナ議定書」と命名されるバイオセーフティ議定書が採択されたのである。二〇〇三年六月には、この議定書の批准国が規定数を上回り発効したが、日本政府がカルタヘナ議定書を批准したのは二〇〇四年十一月のことだった。この議定書は各国に国内法の制定を求めていたため、翌二〇〇五年二月に、日本政府はカルタヘナ国内法を施行して、環境への影響を起こさないよう法的な規制が施されるようになった。しかし、この法律が余りにも規制力の乏しいものであることから、今日に至るまで、実効性が伴うよう、その改正運動が続いている。

このカルタヘナ法施行に合わせて、二〇〇五年三月に農水省によって「遺伝子組み換え作物栽培実験指針」が作成された。これは遺伝子組み換え作物の試験栽培を行う際に、周囲の作物に影響を及ぼさないよう、隔離距離を設定したものである。しかし、この指針もお粗末なもので、その隔離距離が短すぎたのである。

当初、遺伝子組み換え稲の試験栽培を行う場合、通常の稲を栽培している田との隔離距離を二〇メートルとした。この隔離距離は、商業栽培を行う場合もこれを参考にするとしているため、通常の田んぼで栽培した場合も、その隔離距離で良いことになってしまう。後に北海道が試験した際、三〇〇メートルでも交雑が起きており、そのため北海道はさらに六〇〇メートル隔離して試験を行ったが、それでも交雑が起きてしまった。さすがの農水省も隔離距離の見直しを行ったが、それでも、それまでの二〇メートルを三〇メートルに変更しただけだった。これでは日本で栽培が行われると、汚染が起きてしまうことになる。

世界的に見ても、危惧していた交雑・混入問題が頻発するようになるのである。その一つが二〇〇〇年に起きたスターリンク事件である。アレルギーを引き起こす危険性があるとして承認されていなかったトウモロコシが世界中に出回ってしまった。世界で最初に発見されたのは日本で、見つけたのは遺伝子組み換え食品いらない！キャンペーンだった。二〇〇〇年五月に飼料から、十月には食品から検出された。その後、米国でも検出され、回収騒ぎが拡大したのである。

二〇〇一年十一月には、メキシコでトウモロコシの原生種の汚染が判明している。この場合は、米国から飼料として輸入したトウモロコシが遺伝子組み換えであり、それを農家が種子として用いたため、汚染が拡大してしまった。

食の安全を揺るがす事件が続く

二〇〇一年四月に日本では、遺伝子組み換え食品の安全審査が、それまでの指針（一九九六年）から、食品衛生法による法的規制に変更された。指針は、あくまでも倫理的な歯止めであり、守らなかったからといって罰則がないため、拘束力が弱い。やっと拘束力のある法的規制へと変更されたのだが、肝心の中身は変更されなかった。そのため、安全性を確認するための動物実験は必要なく、しかも開発企業が安全審査をするという、実効性の乏しい状態は続いたのである。

この頃、食の安全を揺るがす大事件が発生した。ＢＳＥ（狂牛病）が日本でも起きていたことが明らかになったのだ。農水省は二〇〇一年春の段階では「日本ではＢＳＥは起きない」と豪語していた。その舌の根も乾かない二〇〇一年九月十日、日本で初めてＢＳＥ感染牛が確認されたことが発表された。この事件が、食の安全に対する消費者の不信を増幅した。それに追い討ちをかけるように、翌二〇〇二年一月には、雪印食品による牛肉偽装事件が明るみにでたのである。さらに七月には日本ハムが偽装牛肉を焼却処分、証拠湮滅を図るという事件が起き、消費者の不信は一気に増幅した。

そのような事態を前に、政府はＢＳＥ問題に関する調査検討委員会を設置し、対応を検討した。その委員会が二〇〇二年四月に、政府から独立した食品安全機関を提言したのである。「政府から独立」ということが大事なポイントだった。それを受けて、翌二〇〇三年七月一日に食品安全基本法が施行され、食品安全委員会がスタートした。しかし、検討委員会の提言は守られず、「食品安全委員会」は政府内（内閣府）の中に作られたのである。あくまでも政府の枠内にとどめようという、この方針に対して消費者の不信は収まらなかった。そして設立されたのが、市民団体の「食の安全・監視市民委員会」だった。

その食品安全委員会の中に遺伝子組み換え食品等専門調査会が作られ、それまで厚労省・食品安全審議会で行われていた安全審査が、同専門調査会に移行することになった。しかし、政府から独立できなかったことから、結局、食品安全委員会は、米国で承認された新たな遺伝子組み換え食品が申請されればすべて「安全」と評価し、承認していくことになる。

遺伝子組み換え食品の安全性に関しては、国際組織でも議論が積み重ねられていた。食の安全、

コーデックス委員会に対抗して開催された市民集会（2005 年）

食品表示などを検討して、基準や規格を決めていく国際組織がコーデックス委員会である。国連食糧農業機関（ＦＡＯ）と世界保健機関が合同で設立した食品規格委員会の略称で、コーデックス委員会の基準や規格が、国際貿易の際の基準や規格となるため、この組織の決定が強制力を持っているのである。二〇〇〇年から千葉県幕張と神奈川県横浜でコーデックス委員会バイテク応用食品特別部会が開催され、食品としての安全審査の国際基準作りが進められた。二〇〇三年には基準がまとめられ、二〇〇三年七月に開催されたコーデックス委員会総会で、この「遺伝子組み換え食品（植物）の安全審査基準」が採択された。食品安全委員会の安全審査の基準も、このコーデックス基準に基づいて作られたものである。

新潟での遺伝子組み換え稲反対行動（2005 年）

二〇〇五年から、コーデックス委員会バイテク応用食品特別部会で今度は、遺伝子組み換え動物食品の審議始まった。これは米国で遺伝子組み換え鮭が開発され、市場化に向けた動きが出てきたことが最大の要因だった。二〇〇八年七月、コーデックス委員会総会で「遺伝子組み換え動物食品の安全審査基準」が採択された。これにより、魚だけでなく家畜の遺伝子組み換え化も弾みがつくことになる。

遺伝子組み換え食品の反対運動拡大

遺伝子組み換え食品に対する市民運動は当初は表示を求めて取り組まれた。その成果によって、表示制度はできたのだが、余りにもお粗末で、表示制度改正運動に形を

日本でのGMOフリーゾーン運動の立ち上げ集会（2005年）

変えて、今日まで続いていることはすでに述べた。

当初、市民運動が表示制度を求める運動と並行して進めたのが、検査運動だった。実際に表示が守られているのかなど、豆腐や味噌などを購入して検査していった。この検査運動が、すでに述べた違法トウモロコシのスターリンクの発見につながった。この検査運動も、今日まで続けられている。

次に市民運動が取り組んだのが、遺伝子組み換え稲反対運動だった。日本では、モンサント社が除草剤耐性稲を開発中だった。また農水省系の研究機関が中心になって、新しい遺伝子組み換え稲の開発も進められていた。

二〇〇二年十二月、市民の抗議によって愛知県で行われていたモンサント社の除草

ナタネ自生調査、茨城県鹿島港にて（2010 年）

剤耐性稲の栽培試験が中止された。その他にも岩手県で進められていた遺伝子組み換え稲の試験栽培も中止された。さらには北海道で行われていた遺伝子組み換え稲の栽培試験に反対する運動も進められていたが、その北海道では、試験栽培を中止するとともに、二〇〇五年三月に全国の自治体では初めて遺伝子組み換え作物栽培規制条例を施行させるのである。この条例制定は、さまざまな自治体で制定されていく条例の先駆けとなった。

また二〇〇五年六月には、新潟県にある北陸研究センターで行われていた遺伝子組み換え稲の栽培試験の中止を求めて、市民や農家は裁判に持ち込み、その裁判が始まった。その新潟県でも二〇〇六年五月に「遺伝子組み換え作物栽培規制条例」が施行された。

市町村でも条例を施行する動きが出て、二〇〇六年九月には今治市「食と農の街づくり条例」が施行された。これらの運動を都会の消費者とともに中心になって担ったのが有機農家だった。消費者の運動と有機農業運動とのつながりが運動の原動力になり、各地での試験栽培が中止となり、条例制定の動きが広がっていったのである。

この市民運動に、新たにGMOフリーゾーン運動が加わった。GMOとは、遺伝子組み換え生物のことで、主に作物・食品を意味する。最初に旗揚げを行ったのが滋賀県高島市で、二〇〇五年一月から、このGMOフリーゾーン運動は始まるのである。この運動は、欧州で始まったもので、遺伝子組み換え作物を栽培させない運動であるとともに、地域の種子や品種、食文化を守る運動でもある。

二〇〇四年一月に、ドイツ・ベルリンで開催されたGMOフリーゾーン欧州会議の提起を受けて、世界規模で進める運動として日本でも取り組まれたのである。この運動は、毎年、全国集会が開催され今日に至っている。また、ほぼ隔年で開催される欧州会議でも、日本からの参加者が状況を報告してきた。さらには韓国、台湾の市民と共同でGMOフリーゾーンアジア大会も開催されることになった。

その他にも、新しい運動が次々に提起されていった。次に提起されたのが、遺伝子組み換えナタネ自生調査で、二〇〇五年三月から始まった。日本では遺伝子組み換え作物の商業栽培は皆無だが、輸入量は多い。輸入されている作物のトウモロコシ、大豆、ナタネ、綿実の四作物はすべて種子の形である。種子として用いるのではなく、食品や飼料として用いている。そのためこぼれ落ちた種子から自生が拡大していた。そのこぼれ落ちがもたらす汚染の実態を調査するとともに、汚染拡大や交雑を防ぐために引き抜きなどの活動が始まり、これも今日に至るまで行われ、毎年、自生調査の発表集会が開催されてきた。

このように、さまざまな取り組みが行われており、そのすべてが今日まで継続しているのである。

クローン家畜の登場

二〇〇七年から二〇〇八年にかけて、再び食の安全を脅かす事件が相次いだ。二〇〇七年十月には赤福事件や比内地鶏事件が発覚する。十一月には船場吉兆事件が発覚し、二〇〇八年一月には中国産冷凍餃子事件が明るみに出た。これらの事件の大半が表示偽装であるが、その背景には、グローバル化の進展に伴い、コストダウン圧力が強まったことがあげられる。

そんな中に登場したのが、クローン家畜問題だった。クローン動物は異常が多く、繁殖に適さず、食品になるようなものではなかった。しかし各国ともに、次々と安全を宣言し、食品としての流通も容認し始めたのだ。

二〇〇八年一月には米国ＦＤＡ（食品医薬品局）がクローン家畜食品を安全と評価、流通を

米国ノースダコタ州で行われた州政府との交渉（2004年）

認める決定を行った。日本でも同年三月に、農研機構・畜産草地研究所がクローン家畜食品を安全と評価した。七月には欧州食品安全庁がクローン家畜食品を安全としながらも、流通は保留した。九月には米国FDAがクローン牛の後代牛が出回っていると発表。同月、欧州議会がクローン家畜食品流通禁止を求める決議を可決するのである。日本では二〇〇九年六月に、食品安全委員会がクローン家畜食品を安全と評価した。

このクローン家畜に対して、市民運動は、表示を求めるとともに、反対運動を繰り広げた。その結果、クローン家畜食品は、一時、米国で流通を開始したものの、その後、各国ともに食品としては頓挫することになる。その最大の理由が、「異常」の多さであった。とても食品になるようなものではな

名古屋で開催されたＣＯＰ 10 での市民行動（2010 年）

かった。

しかし、ここで新たな事態がやってくることになる。クローン家畜の次にやってきたのが、遺伝子組み換え動物だった。二〇〇九年一月に、米国政府は遺伝子組み換え動物食品の安全審査の基準を発表、審査を開始した。この時、審査が始まったのが、遺伝子組み換え鮭だった。クローン動物から遺伝子組み換え動物へと、すでに企業が目指すものは移行していたのである。

市民運動の国際化

遺伝子組み換え作物・食品は、多国籍企業による食糧戦略と密接に絡んでいるため、グローバル化の象徴でもある。そのため対抗する市民運動も国際連帯化が進んでいった。きっかけは遺伝子組み換え小麦反対運動だった。二〇〇四年三月、日本の消費者団体が「遺伝子組み換え小麦反対」の総計二〇〇万人を超える団体署名をもってカナダ・米国を訪れ、遺伝子組み換え小麦承認阻止を訴えた。日本の消費者団体に来訪を呼びかけたのは、米国とカナダの市民団体で、これにより日米加の共同行動が取り組まれた。その結果、モンサント社は除草剤耐性小麦から撤退を表明せざるを得なくなったのである。同社は、稲に次いで小麦でも、頓挫を強いられるのである。

アジアでも、農薬行動ネットワーク・アジア太平洋（PANAP）などアジア各国の市民団体が共同で遺伝子組み換え稲反対運動を進め、二〇〇四年十一月には「国際コメ年NGO行動」が日本で取り組まれた。日本でも多種類の稲の研究・開発が進められているが、アジア規模で遺伝子組み換え稲栽培を企図しているのは、スイス・シンジェンタ社が開発した「ゴールデンライス」だった。これはビタミンAの前駆体であるベータカロチンを増やすよう組み換えた稲で、フィリピンにある国際稲研究所（IRRI）で、商業栽培に向けた開発が進められていた。

二〇〇八年五月に、ドイツのボンで、初めて世界中から遺伝子組み換え食品に反対する市民団体が集結して、国際会議が開催された。この時ボンでは、生物多様性条約第九回締約国会議（COP9）が開催され、同時にカルタヘナ議定書第四回締約国会議（MOP4）が開催されていた。そのMOP4に向けて、世界中から市民団体、農民、科学者が集結して「プラネット・ダイバーシティ」が開催された。この大会がきっかけになって、二〇一〇年十月には名古屋で生物多様性条約第一〇回締約国会議（ＣＯＰ10）・カルタヘナ議定書第五回締約国会議（ＭＯＰ５）が開催された折、ここでも「プラネット・ダイバーシティ」が開催された。そこにも世界中から多くの市民、農民、科学者が集結した。その後、二〇一二年にインドで開催されたＭＯＰ６、二〇一四年に韓国で開催されたＭＯＰ７でも同様の取り組みが行われ、ＧＭＯ問題に取り組む市民団体に農民、科学者が加わっての国際的なつながりが形成されていったのである。

ＴＰＰと遺伝子組み換え食品

二〇一〇年十一月、横浜で開催されていたＡＰＥＣ（アジア太平洋経済協力）で、日本のＴＰＰ（環太平洋経済連携協定）参加問題が起きた。当時、日本は民主党政権下にあり、その後の自民党政権でも参加に向けた動きが作られていった。それに伴い、政府は次々と規制緩和を打ち出し、ＴＰＰ参加を先取りしていくのである。その中で、遺伝子組み換え食品は、安全審査の簡略化や表示撤廃問題を含めて、大きくクローズアップされた。二〇一一年十一月には、当時の野田首相が、ハワイで行われたＡＰＥＣでＴＰＰ協議に参加することを正式に表明した。

二〇一一年三月十一日、東日本大震災が発生し、東京電力福島第一原発事故により日本の食と農は、産直の崩壊など大きな問題を抱え込むことになる。そんな中でも政府は着々とＴＰＰ参加に向けて動きを加速した。同年四月には政府の規制・制度改革に係る方針（閣議決定）に基づき

「食品添加物の指定手続の簡素化・迅速化」措置がとられ、食品添加物の承認が相次ぐことになる。その中で、二〇一四年六月、厚労省は遺伝子組み換え食品添加物の安全審査の省略化を打ち出した。「ナチュラルオカレンス」(注1)「セルフクローニング」(注2)「高度精製品」(注3)に関しては安全審査を不要にしたのである。その結果、ほとんどの遺伝子組み換え食品添加物が安全審査を免れることになってしまった。それだけではなく、食品工場で用いる遺伝子組み換え微生物の安全審査も無くしてしまった。醸造業など微生物を用いる食品工場はたくさんある。そこで用いられる微生物が遺伝子組み換え化しても、消費者は知ることができなくなってしまったのだ。その後、ＴＰＰは米国が不参加を表明して、いったんは頓挫したものの、グローバル化の流れと、それに伴う規制緩和は、とどまるところを知らない状況が続いている。

食品表示制度も消費者の望む方向とは反対の動きをとった。二〇〇九年九月に発足したばかりの消費者庁の中に、二〇一一年九月に食品表示一元化検討委員会が発足し、食品表示制度の抜本的改正と、これまでばらばらだった食品表示行政の一元化が図られることになり、新たに食品表示法が施行されることになった。消費者は、今度こそ厳密な表示が行われるものと期待したのである。しかし、結局、消費者が望んだ遺伝子組み換え食品表示の厳密化は、加工食品の原料原産地表示や食品添加物の物質名表示とともに、手つかずのままで、消費者に強い失望をもたらした。

しかし、消費者団体が中心になり、遺伝子組み換え食品表示制度の改正を求める署名運動が広がり、消費者庁もやっと重い腰を上げて、加工食品の原料原産地表示の改正に次いで、遺伝子組み換え食品表示の改正に向けた動きを取り始め、二〇一七年四月に検討会を設置し、業界団体・消費者団体などから意見を聞き始めたのである。

一方、外国の動きを見てみると、日本と同様の制度でスタートした台湾と韓国に変化が起きた。台湾では二〇一五年七月から全食品、全成分に表示を行うという厳格な表示制度が始まり、さらに学校給食から遺伝子組み換え食材を追放した。韓国もまた、全成分表示とし厳格化に乗り出した。まったく表示制度がなかった米国では、二〇一六年七月からバーモント州が厳密な表示制度をスタートさせたため、米国の多くの食品メーカーが遺伝子組み換え原料から、遺伝子組み換えでない原料への切り替えを図った。しかし、このバーモント州の表示制度に対するバイテク企業や食品産業の反撃があり、連邦議会でこの表示を無効にする法律を成立させたのである。

その米国では、二〇一五年二月に遺伝子組み換えリンゴが承認され、十一月には遺伝子組み換え鮭が承認され、二〇一七年にはこれらの食品が流通を開始した。世界的に見ると、稲や小麦の開発も活発になっている。遺伝子組み換え食品は、このように果物や米麦、動物へと範囲を拡大しはじめている。また、ゲノム編集やＲＮＡ干渉法により開発された作物が次々と承認され始めており、バイオテクノロジーによる新品種開発は、遺伝子組み換え技術からゲノム編集やＲＮＡ干渉法に移行しつつあるといえる。

注１　**ナチュラルオカレンス**　遺伝子組み換えとは、通常、異なる生物から取り出した遺伝子を用いる

が、この場合、異なる生物の遺伝子を用いたとしても、自然界でそれらの間で遺伝子交換が起きるケースのものを使用した場合で、かつ自然界に存在しているものをいう。

注2　**セルフクローニング**　遺伝子組み換えに用いる細胞、遺伝子等が、すべて同じ生物種由来であるものをいう。食品添加物の生産ではこのようなケースが多い。

注3　**高度精製品**　遺伝子組み換え食品添加物の製造では微生物がよく用いられるが、最終製品になったときに微生物由来の不純物が存在し、食の安全を脅かす。その不純物の存在を減らしたもの。

第9章　遺伝子組み換え稲はいま

新たな稲の開発が進んでいる

ゲノム編集技術を応用したシンク能改変稲の試験栽培が始まった。日本では、国の研究機関をはじめとして、多くの研究者が遺伝子組み換え（GM）稲の開発を進めてきたが、ゲノム編集技術でも稲が先行している。

この間開発が進められているGM稲の開発に関しては、その種類の多さでは日本が先導しているといっても過言ではない。

茨城県つくば市にある農水省関連の独立行政法人の圃場で、この間、栽培試験されている主なGM稲に、スギ花粉症治療稲（コシヒカリ）、複合病害抵抗性稲（日本晴〔食用〕、たちすがた〔飼料用〕）、開花期制御稲（日本晴、キタアオバ）、スギ花粉症ペプチド含有稲（キタアケ）、カルビンサイクル強化稲（日本晴、クサホナミ、モミロマン）の五種類がある。

その他に、東北大学が宮城県鳴子にある圃場で試験栽培を行っているのが、「ルビスコ過剰生産稲」と「ルビスコ生産抑制稲」である。

一時、撤退が相次いだGM稲の開発が、再び活発化してきたといえる。どのような稲なのか、細かく見ていくことにする。

スギ花粉症治療稲

スギ花粉症治療稲は、花粉症を引き起こす主要アレルゲンである「ＣｒｙＪ１（ペクテートリアーゼ）」と「ＣｒｙＪ２（ポリメチルガラグフロナーゼ）」というたんぱく質の構造を変えた遺伝子を導入したものである。蛋白質はアミノ酸がつながったものだが、複雑な立体構造をとっている。その立体構造を変えたものである。具体的には、遺伝子を三分割してその分割したものを入れ替えている。

米粒の中には表面部分に蛋白質が多く、その大半がグルテリンである。そのグルテリンの中にこの改造されたアレルゲンを作るようにしたものである。毎日のようにわずかずつ改変アレルゲンを御飯として摂取すると、だんだん慣れてきて治療効果が上がるという考え方で開発されてきた。いわば減感作療法に似た考え方である。改変アレルゲンを用いることになるため、逆にアレルギーを拡大する危険性がないか、懸念される。

この稲は二〇一三年度から隔離圃場での試験栽培が始まり、二〇一四年度は二〇・八アールという広い面積で栽培された。そこで収穫した稲は、どのように加工していくのか、あるいは花粉症に本当に有効なのか、安全性はどうか、といった評価に用いられている。稲の品種としては、「コシヒカリ」が用いられている。二〇一五年に収穫した稲は、三〇〇三kgに達したという。

問題は、三分割して入れ替えると、蛋白質の構造だけでなく、質も変わるため、本当に効果が出るのだろうかという疑問が生じる。同時に、アレルゲンを変えるのであるから、思いがけない毒性を持つ危険性も考えられる。さらにはこの遺伝子にも選択マーカー遺伝子に除草剤（ピリミノバック）耐性遺伝子が用いられている点も安全性を脅かすことになりそうだ。

複合病害抵抗性稲

複合病害抵抗性稲は、いもち病など複数の病気への防御機能を活性化させる遺伝子を導入したものである。これまでにも耐病性稲は開発されてきた。複数の病気に対して抵抗力を持つ稲も開発されてきた。しかし、それらの稲は実用化されることなく、開発は打ち切られている。

この稲は、従来の耐病性稲とどう違うのか。最大の違いは、導入する遺伝子の違いといってよい。この稲は、「ＷＡＫＹ遺伝子」と呼ばれる稲から取り出した「転写因子」の遺伝子を導入している。ＷＡＫＹとは遺伝子を示す記号であり、転写とはＤＮＡの情報をＲＮＡに移すことで、そのＲＮＡがアミノ酸をつなげて蛋白質を作っていく。因子とは、遺伝子の働きをオン・オフするスイッチの役割を果たす蛋白質で、このＷＡＫＹ遺伝子にスイッチを入れると、複数の遺伝子が活性化し、いもち病や白葉枯れ病に抵抗力を持たせることができるというのである。いってみれば、稲の生体防御システムを活性化する遺伝子を導入したといえる。

このような病気に抵抗性を持たせた稲の場合、一つの病気に抵抗性を持たせても、他の病気に弱いと農薬の使用量や使用回数がそれほど減らず、農家にとってメリットが出にくいことは以前からずっと指摘されてきたことである。そのため複数の病気への抵抗力が求められてきた。今回開発された稲は、その複数の病気への抵抗性をもたらすことが期待されて、開発されたと思われる。

このGM稲は、二〇一三年度から隔離圃場で野外での試験栽培が始まり、二〇一四年度は五〇㎡の水田に「日本晴」が四系統作付され、三二〇㎡の畑に「たちすがた」が四系統作付されている。現段階は、まだどの系統が良いかを見ているところである。

このGM稲にも、いくつかの問題点が指摘できる。WAKY遺伝子を活性化させるが、この遺伝子は、遺伝子のスイッチをオンにするものである。そのためスイッチが入るのは、病気への抵抗力を持たせる遺伝子だけなのか疑問が生じる。他の遺伝子も活性化させる可能性があり、そうなると稲に思いがけない変化が起きる可能性が出てくる。

この稲ではまた、選択マーカー遺伝子に抗生物質耐性遺伝子や除草剤耐性遺伝子が使われている。選択マーカー遺伝子とは、遺伝子組み換えがうまくいったかどうかを見分けるために導入する遺伝子のことで、抗生物質耐性遺伝子では、大腸菌由来のハイグロマイシン耐性遺伝子が使われている。さらには除草剤（ビスピリバックナトリウム塩）耐性遺伝子も使われている。これらの遺伝子が作り出す蛋白質は、食経験がなく、安全性に疑問を生じさせるとともに、抗生物質耐性遺伝子は、耐性菌をもたらし、病気の治療ができないなどの影響をもたらす可能性がある。

開花期制御稲

開花期制御稲は、開花ホルモンに関連する遺伝子を導入したものである。稲には日の長さを測る体内時計が備わっている。その体内時計が開花ホルモン（フロリゲン）の合成を調節している。そのフロリゲン遺伝子に、その遺伝子の転写因子の遺伝子を加えたものである。転写遺伝子は、すでに述べたようにスイッチの役割を果たす遺伝子である。スイッチをオンにして、開花ホルモン遺伝子を働かせ、開花を促す役割を果たす。

しかし、いつも働いていては役立たない。そのため農薬のプロベナゾールなどを用いており、それを与えた時に、その転写因子の遺伝子が働くようにしたのである。この稲もまた、二〇一三年度から隔離圃場を用いた野外での栽培試験が始まっている。二〇一四年度は一五㎡の圃場に「日本晴」と「キタアオバ」が作付されており、現段階ではまだ、うまく制御できるかどうかのデータを収集しているところである。

研究者は、この仕組みは他の作物にも応用できるとしているが、植物一つ一つがもつ個性がそれを妨げる可能性がある。また、遺伝子組み換え技術は現実には、新たな遺伝子を導入して働かせるだけで、もともとある遺伝子の代りになるわけではない。通常の開花の仕組みも並行して働くので、両者の関係がどうなるか、疑問が生じる。二〇一三年度の実験では、ほとんど開花することがなかった。それは、この植物の開花という微妙なメカニズムへの介入が問題だったのではないかと思われる。

この稲にも、選択マーカー遺伝子に抗生物質のハイグロマイシン耐性遺伝子が使われており、さらには、遺伝子の運び屋であるベクターにも抗生物質のカナマイシン耐性遺伝子が含まれており、二種類の抗生物質耐性遺伝子を持ち、耐性菌拡大が懸念される。

スギ花粉症ペプチド含有稲

これまで述べてきたGM稲は、二〇一三年から野外での栽培試験が始まったものである。それに対して、以前に開発され、試験栽培が続いているGM稲に「スギ花粉症ペプチド含有稲（花粉症緩和稲）」がある。これは同じ野外での試験栽培でも、隔離圃場ではなく、一般圃場で栽培試験が行われてきており、二〇一四年度は一般圃場約一五アールという広い圃場で試験栽培が行われている。その後も広い面積の一般圃場で栽培が行われ、収穫された稲は人間に行う治験用の試験材料として用いられている。

この稲は、スギの花粉症を引き起こすアレルゲンの中の七種類のエピトープをつなげたペプチド遺伝子を導入したものである。エピトープとは、スギの花粉の中のアレルギーを引き起こす部

温室で栽培試験中の花粉症緩和米（2004年）

分のことである。アレルギーは抗原（異物）に対して抗体が異常な反応を起こすことだが、花粉全体を認識して起こすのではなく、ごく一部の部分を認識して起こす。そのごく一部の部分をエピトープといい、そのエピトープを七種類つなげ、ペプチドと呼ばれる小さな蛋白質を作る遺伝子にして、それを稲に導入したものである。この稲もスギ花粉症治療稲と同様に、毎日ご飯で食べることでアレルゲンに慣れさせる減感作療法に近い考え方で使用されることになっている。

稲の品種としては「キタアケ」が用いられている。これまでも収穫された稲を、マウス、ラット、サルに与える動物実験が行われてきた。実際の人間での実験も始まっており、試験栽培といっても実験用の試料確保が目的で行われている。

この稲は、多額の国家予算を用いて長い歳月をかけて実験を繰り返してきたが、いまだに実用化の目途は立っていない。これまで多額の国家予算を使ってきたからやめるわけにはいかないというのが、現実的な理由ではないのだろうか。お米の中にアレルゲンを作らせるのであるから、安全性で問題が生じる可能性が強いといえる。

この稲に関しては、紆余曲折がある。当初は、農水省が先導して機能性を持った食品として開発が進められてきた。しかし、厚労省が待ったをかけた。もし食品として開発され、食品として安全審査を行ったとすると、お米の中にアレルゲンができるのであるから承認されることは考え難い。厚労省は、二〇〇五年二月十四日、この稲は食品ではなく医薬品だとする見解を発表した。この判断は常識的だといえる。

農業生物資源研究所としては、食品としての開発を前提に、人間を用いた実験を予定していたが、これを断念、交付されていた約五〇〇〇万円を国庫に返納し、医薬品としての開発に切り替えた。しかし、医薬品となると、動物実験でフェーズ一から三までの三段階、人間を用いた臨床実験で同じくフェーズ一から三までの三段階の計六段階で評価が必要になり、実用化がかなり先になる。

二〇〇七年からは、徳島県小松島市にある日本製紙の工場敷地内に温室を作り、このＧＭ稲の栽培試験を開始した。このイネは、農水省の委託事業として、同社と農業生物資源研究所が組んで開発したが、日本製紙は、抗生物質耐性遺伝子を用いなくてすむＭＡＴベクターの特許をもっていて、それを応用した最初のＧＭイネとして実用化を目指しており、それが徳島県での栽培につながったといえる。しかし、小松島市は有機農業で町おこしを行おうとしていたことから、地元の反発を招くことになった。また徳島県全体でＧＭ稲反対運動も強まり、結局、日本製紙も撤退せざるを得なくなったのである。それでも、このスギ花粉症ペプチド含有稲は、つくば市で今日に至るまで試験栽培や収穫した稲を用いた動物実験が繰り返し行われてきた。国の予算を浪費しながら目途が立たないまま実験が繰り返されている、といっても過言ではない。

カルビンサイクル強化稲

農研機構・作物研究所が、近畿大学農学部バイオサイエンス学科と共同で隔離圃場での試験栽培を行っているのが、カルビンサイクル強化稲である。このＧＭ稲は、ラン藻由来の遺伝子を導入して、光合成を活性化するようにしたものである。ラン藻は海中に住む植物プランクトンで、活発に光合成を行い地球上に酸素を大量に供給している生物である。

カルビンサイクルとは、葉の細胞で行われる光合成の反応のことで、光や水から糖やでん粉を合成するサイクルのことである。このサイクルを強化して糖やでん粉の合成量を増加させるのが狙いである二〇一五年度は四月下旬に播種・育苗、五月中旬に圃場に移し、十月下旬に収穫の予定で進められた。用いる稲の品種は、日本晴、クサホナミ、モミロマンで、約一〇アールの田んぼで、この稲と対照群を植えて、その成果を判定している。現段階では、このように有望な系統の選抜を行っているところである。

日本で開発が進められている稲

茨城県つくばの研究機関で開発中の稲
　花粉症治療稲
　花粉症ペプチド含有稲（花粉症緩和米）
　複合病害抵抗性稲
　開花期制御稲
　カルビンサイクル強化稲
　シンク能改変稲（ゲノム編集で開発）
東北大学で実験中の稲（実験栽培）
　ルビスコ過剰生産稲
　ルビスコ生産抑制稲

これらの稲はまだ実験段階であり、これから実用化に向けて実験が繰り返されていくことになる。日本の研究者が、稲を中心にGM作物開発を進めていくことが、改めて示されたといえる。

その他に、東北大学が宮城県鳴子にある川渡フィールドセンターの隔離圃場で「ルビスコ過剰生産稲」と「ルビスコ生産抑制稲」の試験栽培を行っている。ルビスコは光合成にかかわる酵素で、この過剰生産や生産抑制がどのように稲の生育や収量に影響を及ぼすかを見る研究のための試験栽培であり、実用化を目指したものではない。

もうひとつ、すでに述べたように、農業・食品産業技術総合研究機構が、ゲノム編集技術としては初めてとなる稲の隔離圃場での栽培試験を開始した。「シンク能改変稲」である。

外国で栽培されている遺伝子組み換え稲は?

外国に目をやると、現在、正式に遺伝子組み換え（GM）稲の栽培を承認して栽培している国はない。かつて栽培されたことがあったり、現在も違法な形で栽培されている稲はあるが、その多くが、正式に承認されたものではない。それらのかつて栽培された経験のあるもの、違法な形で栽培された稲は、いずれも殺虫性（Bt）稲と除草剤耐性稲である。

現在、栽培されている遺伝子組み換え作物は、主に大豆、トウモロコシ、綿、ナタネであるが、それらもまた殺虫性と除草剤耐性であり、これらの性質が先行したのには理由がある。第一に、開発したのが農薬メーカーであり、除草剤耐性作物は農薬とセットで販売できるメリットがある。またBt作物は、生物農薬に用いられている細菌の毒素遺伝子を用いており、これも農薬と関係があるからである。第二に、これらの遺伝子組み換えは、複雑な生命の仕組みを操作することなく、きわめて単純に、除草剤に強い遺伝子を導入したり、殺虫毒素を作る遺伝子を入れるだけでできるため、容易に開発できたからである。

外国企業では、この分野でも、モンサント社が先行して除草剤耐性稲の栽培試験を行った。しかも、実験を行ったのは愛知県だった。この稲は最初、畑を使い、カリフォルニア米（インディカ米）で開発が進められていた。米国で販売するだけでは、それで構わないが、お米を主食としているのは大半がアジアの人びとであり、アジアに売り込むためには水田で栽培できなければ意味がない。そのため、日本の愛知県で栽培試験が進められた。形式は、モンサント社と愛知県総合農業試験場との共同開発だった。

なぜ愛知県だったのか。それは、除草剤のラウンドアップが関係していた。このラウンドアップは、水での分解が早く、効力を発揮できない。いってみれば水田では使い物にならなかったのである。しかし、水田で使えなければアジアで売り込むことができない。その際、注目されたのが、水田を使った稲の作付けで特異な方法をとっている「愛知方式」だった。愛知方式とは「不耕起乾田直播」と呼ばれる方法だった。水のはっていない田んぼに直接種子をまき、ある程度育ってから水をはっていくという、田植えをしない方式である。温暖な愛知県だから広がってきた

モンサントの除草剤耐性稲の隔離圃場での試験栽培（2002 年）

方式であり、この方式を用いると農繁期が分散できるというメリットもある。

この「不耕起乾田直播」に除草剤耐性稲を用いるとどんなメリットが出てくるか。まず水のはっていない田んぼに種子をまき、稲の成長に伴って雑草も増えてくるが、ある程度雑草が増えた時点でラウンドアップを撒き、それから水をはっていくことにより、一定の省力化が可能になる。

愛知で試験栽培を行っていたのは、ジャポニカ米の「祭り晴」という品種だった。モンサント社は、除草剤耐性の「コシヒカリ」を開発したアグラシータス社というベンチャー企業を買収しており、そのまま進めば「祭り晴」にとどまることはなかったはずである。

この稲に対して消費者を中心に反対運動が広がった。二〇〇二年七月八日に最初の反対署名が、十一月十七日には二回目の反対署名が愛知県知事と愛知県農業総合試験場に提出された。その数合わせて約五八万筆に達する個人署名が集まった。それを受けて愛知県は十二月十二日に、正式にモンサント社との共同研究を解約した。この稲の開発は、愛知県と共同だったため、モンサント社の「祭り晴」を用いた除草剤耐性稲の開発は頓挫することになったのである。

イランでは商業栽培されたことも

かつてイランで、Bt稲がＩＲＲＩ（国際稲研究所）にいた研究者によって栽培されたことがあるが、理由は不明だが一年で栽培は終わり、現在は作付けされていない。

ＩＲＲＩは、フィリピンに設立された稲の品種改良のための国際機関である。世界中から研究者が集まって来るが、その中でＧＭ稲を開発してきたイランの研究者が自国に帰った際に作付けしたのである。二〇一四年になり違う研究者によって、再びBt稲の栽培を行うことが表明されたが、実際には作付けに至らなかったようである。

インドでは混入事件も起きる

二〇一四年に入り、インド政府の遺伝子工学評価委員会（ＧＥＡＣ）が、一度に二一種類の遺伝子組み換え（GM）作物の試験栽培を承認した。この中には、稲と小麦が含まれていた。モンサント社のインドの現地法人であるマヒコ社は、かねてから乾燥や塩分に抵抗性を持つ稲や小麦を開発しており、それらの試験栽培が含まれていたと思われる。

二〇一二年には、輸入食品の安全認証を行っているヨーロッパの会社が、国境検査で輸入米にGM稲が見つかり拒否された事例が増えている、と注意を呼びかけた。インドやパキスタン産として有名な、香りのよい長粒種のバスマティ米に、EUでは未認可のGM稲が含まれていたというのである。バスマティ米にはGM品種がないため、収益増のために安価なGM米が意図的に混入されている可能性なども考えられる、としている。

この件について、ヨーロッパの会社がインド政府に問い合わせた。インド政府はこれを受けて調査し、返答したが、それによると同国ではGM食品用作物は栽培されておらず、汚染が起きることはあり得ない、というものだった。しかし、以前にカルナタカ州でGM稲が違法に試験栽培されているとの報告があった。このことは州政府へ届け出がないまま、事件の実態も分からないまま、うやむやにされてしまった経緯がある。また、カルカッタ大学の稲研究区域で鉄分増強GM稲の試験栽培が行われたことがあった。

マヒコ社が開発したGM稲が、ジャルカンド州でGM汚染事件を引き起こしていたこともあった。これは市民団体ジーン・キャンペーンが二〇〇九年一月に発表したもので、汚染を引き起こしていたのは殺虫性（Bt）稲で、野生種からGM遺伝子が見つかった。同団体によると、マヒコ社は試験栽培で守らなければならない規則違反を繰り返していたという。ジャルカンド州は、オリッサ州やチャッティスガル州と並ぶ稲の原生地で、多様な品種が育っている地域にあるため、生物多様性への影響が懸念される、と同団体は指摘した。

中国では違法栽培が十年以上続く

中国では湖南省の一部の地域で「殺虫性（Bt）稲」が作付され、現在も世界中に出回っている。最初に見つかったのは二〇〇五年のことであるから、十年以上にも及ぶことになる。しかし、これは政府が認可したものではなく、非合法で作付けされているものである。中国では、以前から次の三種類の遺伝子組み換え（GM）稲の開発が進められていた。①Bt稲、②害虫のニカメイガ耐性（CPTI、ササゲ・トリプシン・インヒビター遺伝子導入）稲、③白葉枯れ病耐性（Xa－21遺伝子導入）稲である。

二〇〇五年に、この中のBt稲の違法栽培が見つかり、しかも世界中で流通していることが明るみに出て、同国の管理能力の低さが問題になった。

この稲は、日本でも見つかっている。二〇〇七年一月二十六日、厚労省は中国産コメ加工製品から、未承認の遺伝子組み換え米が検出され、輸入した企業に対して廃棄・積み戻しの指示を行った、と発表した。検出された米加工食品は、森井食品（奈良県桜井市）が輸入したビーフン（五件）と三瀧商事（三重県四日市市）が輸入した米の粉末（一件）で、味の素の「ベトナムフォー」などの加工食品として販売されてきた。販売各社は自主回収の措置をとった。二〇〇六年に欧州各地で中国産米加工食品にBt稲が混入していたことが明らかになり、日本でも検査を始め、二〇〇六年九月二十二日から半数検査を実施し、それによって検出された。

しかし、中国ではその後も栽培は続けられてきたのである。同国政府は、長い間、この非合法での作付けに何も対処しないまま、事実上黙認してきたが、二〇一四年になってやっと取り締まりに動き始めたが、改善されたという報告はない。

米国では未承認稲が流通

米国では二〇〇六年にバイエル・クロップサイエンス社の除草剤耐性稲の「ＬＬライス」の種子が違法流通し、通常の稲に混入して作付されるという事件が発生している。

これはバイエル社が試験栽培していた長粒種のＧＭ稲で、米国の消費者が食べる食品から検出されて問題になり、ＥＵを含む主要市場が輸入を拒否するなどして農家は販路を失い、作物価格も暴落した事件である。そのためアーカンソー、ルイジアナ、ミシシッピ、ミズーリ、テキサスの各州の農家がバイエル社を提訴した。

二〇〇七年十月には、環境保護団体グリーンピースが、バドワイザー社の製品がＧＭ稲に汚染されていると発表した。同団体が、アーカンソー州にある同社の工場から入手した四つの原料を分析したところ、そのうち三つからＬＬライスが検出されたというもの。

中国で販売されている米国産米からＬＬライスが検出されたこともある。検査結果を公表したのはグリーンピース中国で、二〇〇七年八～九月にスーパーマーケットで一〇種類の米国産米を購入し分析を依頼したところ、その内の一つから検出されたもの。同団体によると、中国は米国産米の輸入を認めていないため、密輸されたものだそうである。

除草剤耐性稲とは、植物をすべて枯らす除草剤に抵抗力を持たせた稲のことで、その結果、除草剤をまいた際に稲以外の雑草が枯れるため、省力化によるコストダウン効果があるとされている。バイエル・クロップサイエンス社の場合、除草剤バスタ（主成分グルホシネート）に耐性を持たせた稲である。この「ＬＬライス」の裁判は結局、二〇一一年六月に、同社が総額七億五〇〇〇万ドルの賠償金を支払うことで和解に同意した。この和解では、二〇〇六年から二〇一〇年までのあいだに長粒種の稲を栽培したすべての農家が補償の対象になった。同社は、大きな損害を被ることになったのである。

ゴールデンライス作付けに動く

このように海外でも遺伝子組み換え稲は、ほとんど正式には作付けされてはこなかった。しかし、近々初めて遺伝子組み換え（ＧＭ）稲の大規模な商業栽培がフィリピンで行われる可能性が強まってきている。

「フィリピンでは二〇一六年からゴールデンライスの商業栽培を開始する」とＩＲＲＩ（国際稲研究所）と同国農務省の研究者が二〇一三年十一月に行った共同の会見で述べたが、これは、同稲の「野外試験」が終了したことを受けて、宣言したものである。実際に、二〇一六年に栽培は始まらなかった。また、バングラデシュも栽培に動き始めた。同国政府は、二〇一二年にゴールデンライスの野外での試験栽培を承認しており、フィリピンに次いで、栽培に動く可能性が出てきており、農民の反対運動が強まっている。

このゴールデンライスとはどんなものなのか。このＧＭ稲は、スイス連邦工科大学の研究者インゴ・ポトリクスらによって、一九九一年から八年の歳月をかけて開発された。この時の稲は、正確には「第一世代のゴールデンライス」である。

このＧＭ稲は、遺伝子組み換え技術によって、お米を食べることでビタミンＡを摂取できるようにしたものである。そもそもビタミンＡとはどんなものだろうか。ビタミンＡとは、皮膚など体の様々な組織や臓器を作るのに役立ったり、視覚や生殖などの機能に影響する。そのためこれが不足すると多様な健康障害を引き起こす。しかし体内で作ることができないため、食べることで体内に取り込むしかない。

ゴールデンライスが開発され、売り込まれる際に、この中の視覚への影響がクローズアップさ

ゴールデンライスに反対してマニラに集まったアジアの人々（2007年）

れた。「飢餓によりビタミンA不足で失明になる子どもたちのために」というのが、売り込む際の宣伝文句になった。人道的な側面をクローズアップして、売り込みをはかろうとした。しかし、それが中身を伴わない言葉だけのものであることが、次々に明らかになっていった。

ビタミンAを摂取するには、大きく分けて二つの方法がある。一つはビタミンAそのものをたくさん含んだ食べものから得ることである。もう一つは、ビタミンAの前駆体から得る方法である。ビタミンAをたくさん含む食材というと、牛乳、バター、チーズ、卵黄、レバー、魚の肝油などである。ビタミンAの前駆体とは何だろうか。それは体内に入った際にビタミンAに変わる物質のことで、ひとつがベータ・カロチン（あるいはベータ・カロテン）で、もうひとつがベータ・クリプトキサンチンある。

お米には、ビタミンAはできないし、また前駆体もない。そこで前駆体であるベータ・カロチンを作るようにしたのが、ゴールデンライスである。

お米にはベータ・カロチンはできないが、ベータ・カロチンを作る基となる物質（ゲラニルゲラニルピロリン酸）は存在している。そのためラッパスイセンと細菌から取り出した四種類の遺伝子を導入して、そのもととなる物質からベータ・カロチンができるようにしたのである。

ベータ・カロチンができると黄色みを帯びる。この第一世代のゴールデンライスは、ベータ・カロチンのできる割合が少ないため、うっすらと黄色みを帯びている。そのためゴールデンライスという名がつけられたのである。この稲は、「ビタミンAライス」という言い方がされているが、正確にはベータ・カロチンを稲の胚乳の中にできるようにした稲であるから、「ベータ・カロチン稲」と呼んだ方がよいのかもしれない。

新世代ゴールデンライス開発される

最初に開発した「ゴールデンライス」は、お米の中にできるベータ・カロチンの量がわずか一g中一・六μgしかできず、失明を防ぐために必要な量を摂取しようとすると、大量のご飯を食べなければならない。

マサチューセッツ工科大学のフランシスらの計算によると、お茶碗二七杯も食べなければならないほど、わずかしかベータ・カロチンが増えず、失敗に終わった。

そのためシンジェンタ社によってベータ・カロチンを増量した「ゴールデンライス2」が開発され、IRRIで試験栽培が進められてきた。第二世代のゴールデンライスの場合、一g中三六・七μgできるようになったとされている。そうすると今度は、ベータ・カロチンの過剰摂取が懸念されるようになる。過剰に摂取すると、生長阻害、月経異常、貧血、発疹、吐き気、頭痛、黄疸などの症状が起きることが知られている。

ビタミンAを摂取することができる食べものは多く、ビタミンA不足に陥ることはほとんどの食べものが入手できないことを意味する。その地域で採れたさまざまな野菜や果物などを食べられるようにすることが先決であり、その子どもたちに、お米だけ食べさせてビタミンA不足を解消させようということ自体が、本末転倒といえる。さらに過剰摂取により健康障害が起きれば、何のためにこのようなご飯を食べるのかということになる。

ゴールデンライスは、ビタミンA不足で失明の危機にある、飢餓で苦しむアフリカの子どもたちへの人道支援が前面に掲げられ、売り込みが図られてきた。しかし、それは世界中で嫌われている遺伝子組み換え稲を何とか売り込むための手段であることが、明らかだった。それを裏付けたのが、中国で行われた人体実験だった。安全性評価をいきなり人間で、それも中国の子どもに食べさせる実験を行ったのである。

中国で行われた人体実験

二〇〇八年に中国湖南省衡陽特別市の六～八歳の子どもたち二五人に対して、ゴールデンライスを直接食べさせる形の人体実験が行われ、安全性が評価された。動物実験などで安全性が確認されておらず、いきなり人間で、それも子どもで人体実験を行ったのである。この実験結果が『アメリカ臨床栄養学ジャーナル（American Journal of Clinical Nutrition）』に掲載された。

ゴールデンライスを用いた人体実験を行ったのは米マサチューセッツ州タフツ大学の研究者であり、研究論文には共同執筆者として、中国の研究者三名が名前を連ねていた。スイスの企業が開発した稲を、フィリピンにあるＩＲＲＩが試験栽培を進め、フィリピン、バングラデシュなどで作付するために、米国と中国の研究者が人体実験するというところに、国際的にこの稲に取り組む仕組みを読み取ることができる。同大学当局はこの事実を確認したことを明らかにした。

事件の波紋は、米国・中国で特に広がった。米国では、科学・医学上の倫理違反だとして、この研究プロジェクトを批難する声が広がっている。

中国側の研究者三名はいずれも、この研究でゴールデンライスは使っていないと否定し、子どもたちの住む湖南省当局も否定した。しかし、中国政府が調査に乗り出し、疾病コントロール・予防センターが特別対策本部を設置した。また、中国の研究者三人の内の一人は、職務停止処分を受けた。これは疾病コントロール・予防センターが発表したものである。

その親たちの不安がその後も継続していることが明らかになった。米国では、科学・医学上の倫理違反だとして、親たちに謝罪が行われた。また中国側も地方自治体から家族に対して八万元（一万三〇〇〇ドル）の補償が支払われた。しかし、親たちは将来も含めた長期間の影響への懸念を抱いている。

ゴールデンライスはトロイの木馬

このようなスキャンダルに見舞われながらも、なお推進の勢いは止まらない。インドの在野の研究者であるヴァンダナ・シバは、このゴールデンライスは「トロイの木馬である」と述べて批判している。人道支援を掲げて市場に遺伝子組み換え（ＧＭ）稲を導入させ、それを既成事実にして、次々と本命となるＧＭ稲を導入しようというのだ、と。

フィリピンでは二〇一四年三月二十四日に、環境保護団体が共同で農業大臣に対して、ゴールデンライスの商業栽培計画の中止を求めた。その際、環境保護団体は、フィリピンにはゴールデンライスの五倍ものベータ・カロチンを含む在来種のサツマイモがあり、その他にもベータ・カロチンが豊富な野菜や果物があり、ＧＭ稲は必要ないと述べている。本末転倒の開発思想だといえる。

フィリピンではまた、フィリピン稲研究所が、新しいタイプのゴールデンライスの開発を進めている。このGM稲は、熱帯ツングロ病と縞葉枯れ病の二つの病気にも抵抗力を持たせたものとされている。栄養強化と耐病性を併せ持つことで、フィリピンでの栽培を目指している。これはまだ実用化はかなり先の話だが、同様の動きは、日本でも生まれそうである。

というのは、ゴールデンライスは、栄養価を高めた初めてのGM食品となることから、今後、このような健康食品を増やしたいと考えている種子企業にとっては、期待の星でもある。日本でも、政権与党は健康食品を経済成長戦略の柱の一つにして、国家戦略化しており、このような機能性を高めた作物の開発を推進している。また稲は、小麦と並び世界の人が主食としている穀物であることから、市場性もあり、このゴールデンライスを突破口に、GM稲や小麦の市場化を目指す狙いもある。いずれにしろ食の安全に疑問のあるGM稲の市場化が近づきつつあるといえる。お米は、私たちを含めてアジアの人々の主食である。

遺伝子組み換え小麦をめぐる動き

トウモロコシや大豆、稲などに比べて、これまで遺伝子組み換え（GM）小麦の開発は、あまり進んでこなかった。小麦は染色体の数が多く、ゲノムサイズ（遺伝子の多さ）が稲の約四〇倍もあり、遺伝子組み換えが難しかったことがひとつの要因だった。

最初に開発されたのが、モンサント社による除草剤耐性小麦だった。モンサント社がこの小麦

カナダ政府へのGM小麦反対署名提出（2004 年）

の野外での栽培試験を始めたのは、一九九八年である。二〇〇〇年十二月に同社は米環境保護局（EPA）に承認申請を行っている。米国では、GM作物の栽培を行うためには、EPA（環境保護局）、USDA（農務省）、それにFDA（食品医薬品局）の承認を得なければならない。その後、日本を含めて各国に承認申請を行い、世界同時に承認を得ようとした。それは、未承認で流通すると、回収や廃棄、損害賠償請求などの訴訟が起きるからである。

しかし、GM小麦への抵抗は強く、米国産小麦の最大の輸出先であるアジア市場での抵抗に直面した。

アジア最大の輸出国である日本では、「遺伝子組み換え食品いらない！キャンペーン」などのメンバーが、約二〇〇万人の反対署名を持って米国やカナダを訪れ、アジア第二の輸出国・韓国の消費者団体も反対の声明を発表し、カナダや米国内でも反対運動が広がり、ついにモンサント社は「除草剤耐性小麦」からの撤退を表明し、二〇〇四年六月二十一日に、米国以外の承認をすべて取り下げ、二〇〇五年には栽培試験を終了させた経緯がある（第8章参照）。

しかし、ここにきてGM小麦推進の動きが、また復活してきたのである。推進企業、推進生産者団体、そして推進国による動きが出てきた。しかし、主食であることから消費者の抵抗も大きく、再び激しい反対運動が広がりそうだ。

その推進の姿勢を受けて新たなGM小麦の研究・開発が進んできた。従来の除草剤耐性小麦から、新たな主役になりつつあるのが、干ばつ耐性小麦や収量増小麦である。とくにゲノム編集技術の応用が進み、モンサント社やデュポン社の開発が進んでいる。

GM小麦については、米加豪の三カ国の生産者団体が、二〇〇九年にGM小麦推進を表明した。その背景には、モンサント社が開発している「干ばつ耐性小麦」の存在があった。この声明を受けた形で、二〇一一年からモンサント社は、干ばつ耐性小麦の試験栽培を開始している。

二〇一四年六月には、米国・カナダ・オーストラリアの一六の農業団体が、GM小麦推進を求める声明を発表した。この一六団体の内、全米小麦生産者団体など半分の組織は、その五年前にも同様の声明を発表している。新しい組織としてはカナダ製粉協会などが含まれる。

モンサント社が、世界への売り込みを図っているGM小麦が、二〇一二年にはその試験栽培面積が九〇〇エーカーまで拡大していることが明らかになった。これは商業栽培に近い面積であり、前年が三六〇エーカーであるから、大きく拡大したことになる。

英国政府も推進の姿勢を崩していない。イングランド南東部ハートフォードシャー州にあるローザムステッド研究所圃場での二年にわたるGM小麦の野外栽培試験を認めたことが、大きな波紋を広げた。そして二〇一二年から、研究所内の圃場でGM小麦の試験栽培が始まった。このGM小麦は、ホルモン成分を生産してアブラムシを寄り付かなくさせる品種である。

市民団体の間で「本物のパン・キャンペーン」が作られ、抗議活動が広がった。一部の団体は、連邦政府の環境・食糧・農村省のオフィスに巨大なパイを運び入れた。その四フィートのパイには、「小麦を取り戻せ」と書かれていた。農民の中にも遺伝子汚染を恐れて、逮捕されてもGM小麦を引き抜くと宣言している人々が出てきたりしたが、GM小麦は厳重に守られ栽培試験は行われた。

オーストラリアでも、米モンサント社と独バイエル・クロップサイエンス社による、GM小麦開発が加速している。CSIRO（オーストラリア連邦科学産業研究機構）によると、まもなく商業化が現実のものになりそうだという。これに対して環境保護団体のグリーンピースは、「消費者はGM小麦から作られたパンを食べる危険に直面している」と警告を発している。

そしていま、ゲノム編集を用いた収量増小麦の開発合戦が、モンサント社とデュポン社の間で繰り広げられているのである。

第10章　遺伝子組み換え鮭が市場に登場

遺伝子組み換え鮭、すでに四・五トンが出荷される

アクアバウンティ・テクノロジーズ社（以下、アクア社）は、二〇一七年八月四日に発表した第2四半期の財務報告で、今年上半期（一月〜六月）に遺伝子組み換え（GM）鮭の出荷量が、四・五トンに達したと発表した。これまで同社はカナダ・プリンスエドワード島（州）にある施設で、GM鮭の受精卵を生産し、パナマに移送し養殖を行ってきた。そのパナマで生産され、加工された鮭がカナダの市場に出回ったのである。カナダでは二〇一六年五月にカナダ保健省と食品検査局が安全と評価しており、同国では表示がなくても流通・販売できるため、消費者は知らないうちに食べていたことになる。

一方、米国では二〇一五年十一月十九日にFDA（食品医薬品局）が安全と評価し承認したものの、同国では、アラスカ州・カリフォルニア州の反対が強く、二〇一六年にアラスカ州で「遺伝子組み換え魚表示法」が施行されている。また、連邦議会でもアラスカ州出身議員などの働き掛けで、二〇一六年初頭、包括的歳出法の中に、FDAがGM鮭の表示を義務化することを求め、そのために指針を作成することに加えて、表示制度ができないまではGM鮭の販売を行ってはいけないことが入れられた。そのため米国では、流通・販売ができない状態である。

しかし、実際にはカナダで加工された鮭が流通していてもチェック機能が働かないため、流通

する可能性は否定できない。このことは日本も同様で、実際に加工されてしまうと、入ってきても分からない。

アクア社は二〇一七年六月にプリンスエドワード島での養殖の承認を得ており、これからカナダでの養殖が本格化するため、さらに出荷量は増えるものと思われる。また米国でも、インディアナ州にある養殖施設を購入しており、表示制度ができるのを待って米国での本格的な販売を計画している。アクア社はその時期を二〇一九年と見ており、米加で本格的に販売が始まれば世界中に売り込まれていくものと思われる。

まず米国で遺伝子組み換え鮭承認

これまでの経緯を振り返ってみよう。

すでに述べたように、米国では二〇一五年十一月、食品医薬品局（ＦＤＡ）がＧＭ鮭を正式に承認した。このＧＭ鮭についてＦＤＡが評価を開始したのは、二〇一〇年八月二十五日だった。このＧＭ魚は、連邦食品医薬品化粧品法での新規の動物医薬品条項にあたるとして、作物と異なり農務省（ＵＳＤＡ）や環境保護局（ＥＰＡ）ではなく、ＦＤＡが環境への影響や食品としての安全性を合わせて評価している。

二〇一〇年八月にＦＤＡの科学者パネルがＧＭ鮭は環境への影響も食品としての安全も問題な

い、と評価したのを受けて、ＦＤＡでの評価が始まった。

ところが、評価開始の翌九月十九日から三日間かけて開かれた公聴会では、参加した科学者から相次いで、環境、食の安全に関してデータ不足が指摘された。その後も、生物多様性への影響や食の安全への疑問が出され続けたが、わずか二年後の二〇一二年十二月二十一日に最初の承認が発表されたのである。後は一般からの意見（パブリックコメント）を聞いて正式承認となるはずだった。

この最初の承認発表にも疑問が出された。というのは、ＦＤＡがこの評価を承認したのは、その半年前の五月四日だったからだ。なぜ承認から発表まで半年以上かかったのか、その理由を探っていくと、同年秋に行われる大統領選で、オバマ大統領が消費者から嫌われないように、先延ばししたという理由が浮上した。

評価開始直後の二〇一〇年八月二十七日、米国の食品安全センター等の消費者団体、動物福祉団体、環境保護団体三一団体が共同で、ＧＭ魚を承認しないよう求める声明を発表した。また、受精卵の生産場所であるプリンスエドワード島は、「赤毛のアン」の島として有名であり、自然豊かで環境保護の象徴とされてきた。地元の環境保護団体は、島のイメージが崩れると警告を発していた。

また、二〇一一年には約三〇の業界団体で構成されている全米動物農業連盟が、このＧＭ鮭を承認しないよう、米連邦議会に要請書を提出していた。

最初から反対意見が続出

二〇一三年に入った年初め、食品医薬品局（FDA）は、一般からの意見（パブコメ）募集を開始した。

当初の締切り期限は二月末の二カ月間だった。しかしFDAは、二月十三日にその募集期限を六十日間延長すると発表した。その時までに意見が三〇万も寄せられ、さらに応募が続いているからだというのが、その理由だった。募集は四月二十六日に終了したが、提出された意見は増え続け、実に二〇〇万近くに達し、その大半が反対意見だったのである。

この世論を受けて、トレーダー・ジョーズ、アルディ、ホールフーズ・マーケット、クローガー、セーフウェイといった米国の大手スーパーマーケット・チェーンが次々と、遺伝子組み換え（GM）鮭の販売をしないと宣言した。

二〇一三年五月二十日には市民団体が「GMフリー・シーフード・キャンペーン」を始めた。このキャンペーンに対して、上記のスーパーのチェーンを含めて、二〇〇〇を超える店舗が賛意を示し、GM魚を販売しないことを宣言した。この店舗数は、二〇一五年末現在八〇〇〇を超えたのである。また、大手スーパーのチェーンで宣言を出していないのは、ウォルマートくらいになり、小売りでの反対が強まったのである。

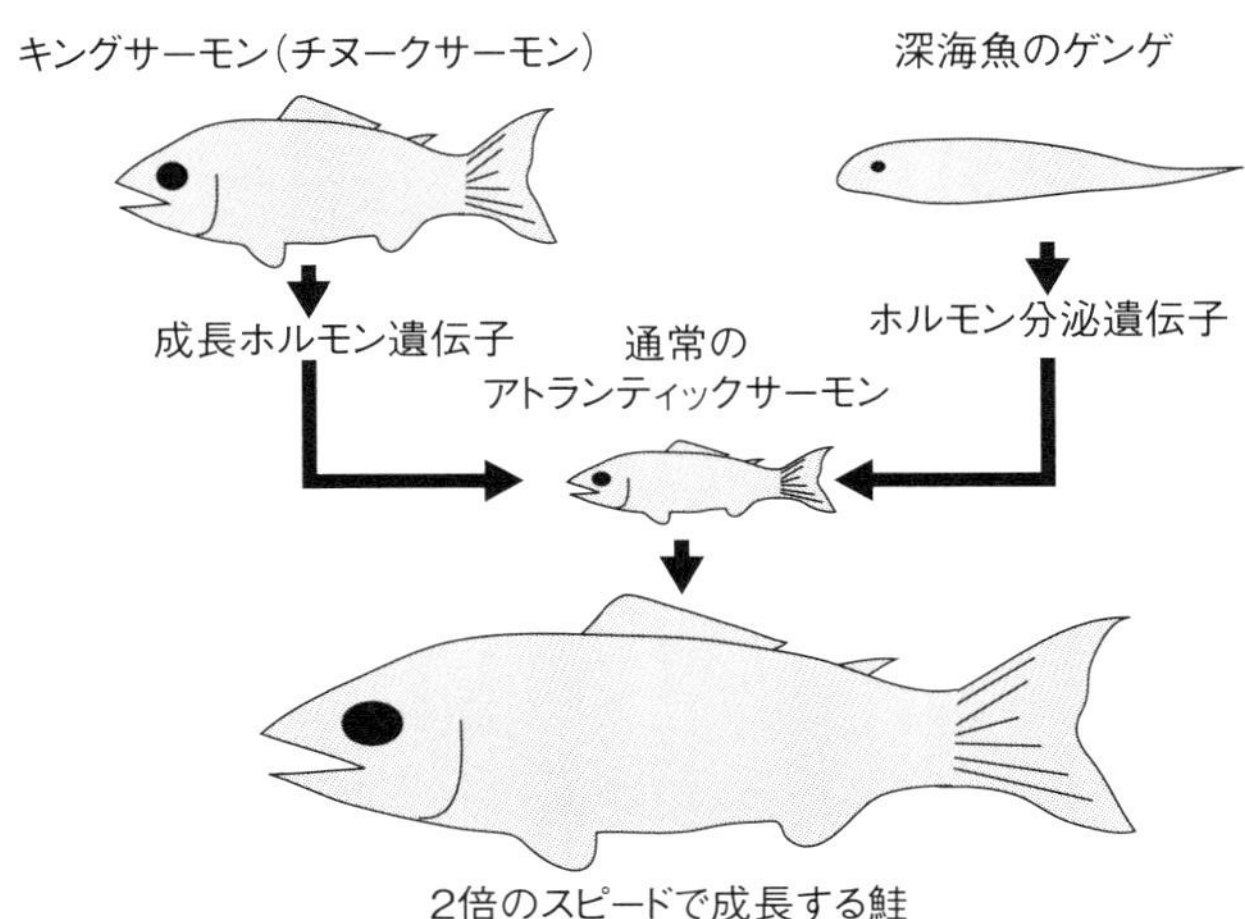

遺伝子組み換え鮭とは？

この遺伝子組み換え（GM）鮭は「アクアドバンテージ」と名づけられている。米国のベンチャー企業でマサチューセッツ州に本拠を置く、アクア社が開発したものである。

このGM鮭は、アトランティック・サーモンの成長を促進させたもので、この鮭に、二メートル大と巨大になることから「キング・サーモン」と呼ばれるチヌーク・サーモンの成長ホルモン遺伝子を導入している。しかも通常の鮭は、寒くなると成長ホルモンが分泌されなくなるため、冬の間は成長せず、フルサイズになるまでに三年を要するが、通年で成長するゲンゲと呼ばれるウナギに似た魚の遺伝子を組み込むことで、一年半で成熟する鮭を開発したのである。

魚の遺伝子組み換えは、マイクロインジェクション法かウイルスをベクター（遺伝子の運び屋）に用いる方法があるが、容易にできるマイクロインジェクション法が用いられたと思われる。これは、受精卵に遺伝子をマイクロマニュピレータと呼ばれる細い針を利用して直接注入する方法である。

この鮭の問題点――(1)生態系に大きな影響が起きる

この成長を早めた遺伝子組み換え（ＧＭ）鮭にはどのような問題点があるのだろうか。まず、この鮭は、野生の鮭に比べて最大で二五倍の体重をもつことになる。そのため、巨大鮭ともお化け鮭とも呼ばれている。

『ニュー・サイエンティスト』二〇〇七年三月八日号が、このＧＭ鮭の問題点を示している。それによると、ＧＭ鮭は性格を変え獰猛になることが分かり、もし環境中に逃げ出すと、生態系に大きな影響がでると指摘している。鮭は肉食であり、ほかの魚を食べるが、この鮭の場合、成長が早いためさらによく食べ漁業資源が失われたり、稀少種が失われたりする危険があると指摘している。

米国ニューハンプシャー州ダートマス大学のアン・カプチンスキーによると、一ポンドの養殖

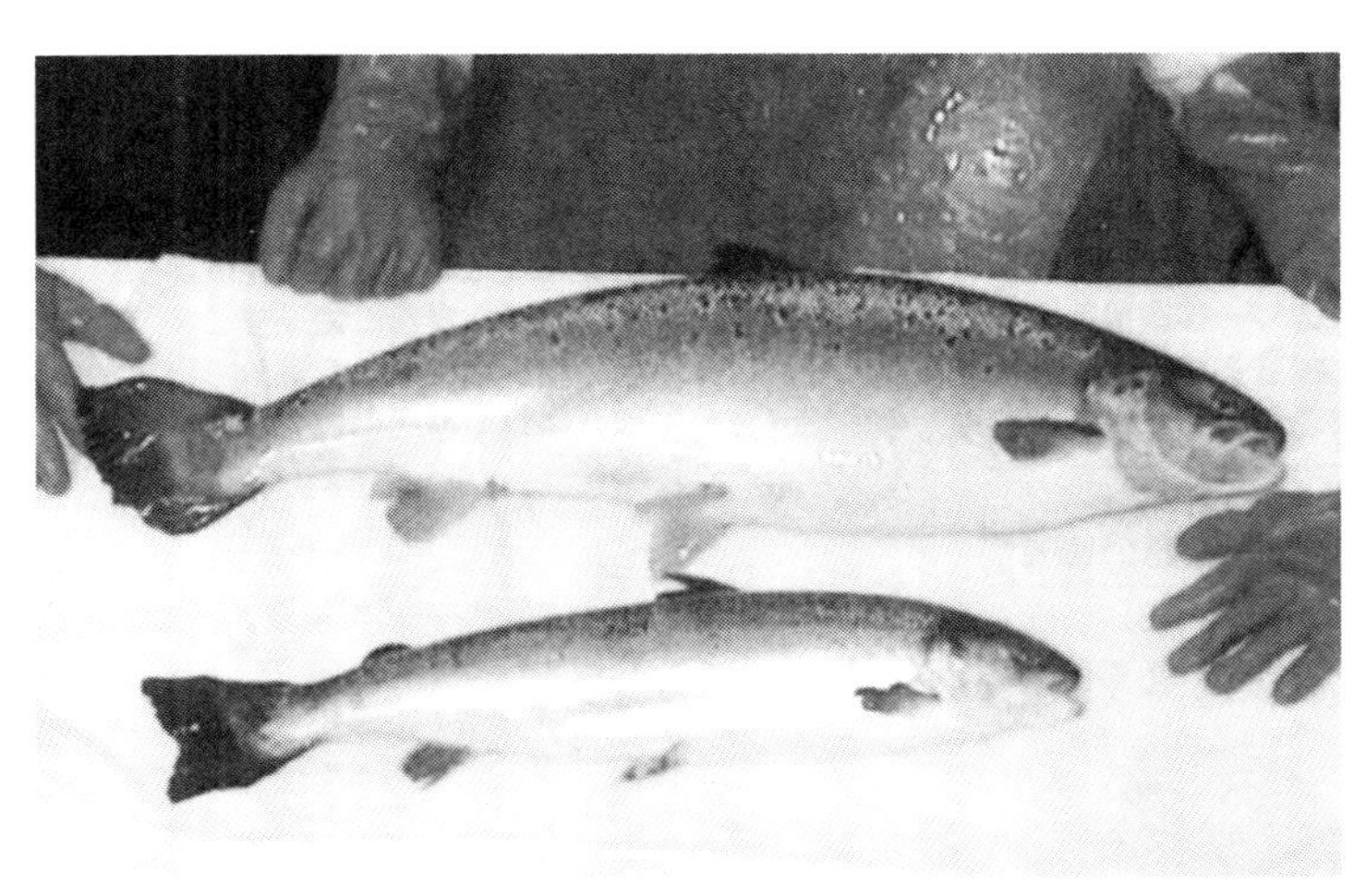

下が普通の鮭、上が成長を早めた遺伝子組み換え鮭

鮭を生産するためには、約二ポンドの餌となる魚を必要とするが、この鮭の場合は、さらに多くの餌を必要とするため、環境中に逃げた場合、生態系に大きな影響が出てしまうというのである。

米国インディアナ州パーデュー大学の研究者らは、コンピュータ・モデルと統計分析手法を用いて、GM魚を放流した際の環境へのリスクを検証した。それによるとGM魚を放流した時に、環境中に生息する野生種が絶滅に追いこまれる時間は、想定されていたより短くなる（二〇世代）と指摘した。

また、雄で開発した場合は、二倍のスピードで成長する鮭は体が大きく、その分、雌を引きつける能力を高める。しかし、生命を操作した上に体が大きくなることから、生殖能力が弱まっている。もし逃げ出したりすると、雌を独占することになり、雌が排出した卵に生殖能力が弱い精子を振りかけるため、大半が受精せず、種の絶滅をもたらすなど生物多様性に与える影響が大きいことも指摘された。

さらにはGM鮭を実験室外の網囲いで飼育することは絶滅危惧種保護法（ESA）に違反する、という米国魚類野生生物局（FWS）および米国海洋大気庁（NOAA）の見解を、米国食品医薬品局（FDA）が知りながら隠していたことも指摘された。これは二〇一〇年十月二十七日、米国の市民団体の食品安全センターが明らかにしたもので、FWSおよびNOAAの海洋水産局（NMFS）は、二〇〇三年の段階ですでに、GM鮭が天然鮭（アトランティック・サーモン、絶滅危惧種）に悪影響を及ぼす恐れがあると懸念を表明していた。保護種に影響を及ぼす可能性がある場合、連邦政府機関は専門の水産局に助言・指導を求めることが義務づけられている。にもかかわらずFDAは、アクア社のこの鮭について水産局に詳しく相談しないまま、承認に向けたプロセスを進めたのである。これはGM鮭が環境に悪影響を及ぼす可能性があることを示す証拠であり、FDAはそのような問題があるGM鮭を承認すべきではない、と食品安全センターは述べている。

また、交配した際の危険性も指摘されている。カナダ・ケベック州マッギル大学が行った研究で、このGM鮭が、天然のマス（ブラウン・トラウト）と交配できることが確認された。交配の結果、生まれた雑種は、親であるGM鮭よりもさらに成長速度が早く、自然の川を模した実験室内に作られた環境では、競合する野生種よりも生存率が高かったという。養殖に踏み切る際には、万が一、環境中に逃げ出した場合のリスク評価を慎重に行う必要がある、と研究者が相次いで警告しているのだ。

この鮭の問題点――⑵食の安全を脅かす

スウェーデンのイエテボリ大学で「遺伝子組み換え（GM）鮭の生態学的影響評価」プロジェクト研究が発表され、その中でGM魚が環境中に放流された場合、生態系や人間の健康への影響に対する懸念が示された。理由として、成長が早いと、それだけ環境中の有害物質など毒素の蓄積が早く、その毒素を人間が摂取することの影響が指摘された。また、成長ホルモンの濃度も高く、それを人間が食べた際に、がん細胞を刺激するなどの影響も懸念された。この点については、米国食品安全センターも指摘している。成長ホルモン濃度が高いとインシュリン様成長因子が多くなり、発がん性が強まるというのである。

食品医薬品局（FDA）が環境影響評価を行っている最中の二〇〇九年十一月に、カナダにあるアクア社の研究所の実験場で、新たな問題が発生していることが判明した。新種の伝染性鮭貧血症が発生していたのである。このウイルス性の病気は、世界各地の養殖場で深刻な被害をもたらしていることが報告されている。これを受けて、環境保護団体などがFDAの環境影響評価の作業中止を求めた。

アクア社の経営最高責任者のロナルド・ストティッシュによると、この実験場は無菌状態にあるという。この問題は、GM鮭は従来の鮭よりも安全に養殖ができる、という同社の謳い文句に疑問を投げかけるものとなった。これについて環境保護団体は、GM鮭の健康データの公表と作業の中止、そして、魚の病気の影響も含む完全な環境影響評価を実施するようFDAに求めたのである。

このようにさまざまな問題点が指摘されていることから、欧州連合（EU）の立法組織である欧州議会は、EUの行政組織である欧州委員会に対して、GM魚の輸入を禁止し、ヨーロッパの市民の食卓に登場しないよう求めた。もしGM魚が環境中に逃げ出すような事態が起きると、海洋生態系や地元の魚の生殖に介入が起き、それが破壊される危険性があるというのが、その理由である。

輸出先のパナマでも反対意見噴出

アクア社によると、当初、カナダにある養殖場は魚そのものを販売するのではなく、受精卵を生産するだけであるということだった。その販売先の養殖場は、当初はパナマにあるものを予定しているということは、すでに述べた。

そのパナマでも、当初から批判が強かった。市民団体のパナマ環境保護センターは、パナマ政府環境省に対して、遺伝子組み換え（ＧＭ）鮭が環境に甚大な被害を引き起こす危険性があると申し立てた。二〇一二年にそのパナマ環境省が、カナダのアクア社を視察した際に、同社の不正行為を確認している。三カ月ごとに提出しなければいけない報告をせず、処理水の排出の許可を得ていないなど、同社の不正行為が続いているというのである。

カナダの環境保護団体バイオテクノロジー・アクション・ネットワークは、ＧＭ鮭のパナマへの移送に関して、その承認手続きに不備があり、手続き違反であるとして、裁判に訴えたのである。

ＧＭ鮭における受精卵の販売は、当初はパナマ、そしてカナダ、米国、さらに南米各国など、さまざまな場所で養殖されることになり、環境中に逃げ出すリスクを高めることになる。魚を養殖場に完全に封じ込めることなど不可能だからだ。

アクア社、事実上モンサント社の傘下に

食品医薬品局（ＦＤＡ）による承認が遅れたことから、アクア社は経営危機に陥った。オバマ前政権は、同社が財政的に行き詰まりを示していることから、二〇一一年には救済措置として五〇万ドルの助成金を出している。

さらに救いの手を差し伸べたのが、バイテク・ベンチャー企業のインテクソン社である。アク

ア社の株の半分を買いとったと伝えられている。インテクソン社の上席副社長で畜産部門のトップにあるトーマス・カッサーは、二十年間モンサント社にいて牛成長ホルモン剤を開発した人物である。そのことから事実上、モンサント社の傘下に入ったとみられている。また、インテクソン社の経営陣はモンサント社以外にも、世界ナンバー一の巨大製薬メーカーのファイザー、ファーストフードのマクドナルドなどにいた人物で構成されており、政治的な力でGM鮭市場化を急がせる仕組みができ、今日に至ったと見られている。

環境保護団体の「食と水監視・USA」は、バイオ産業がGM動物食品を売り込むために、この十年間に五億ドル以上を投入していることを明らかにした。この大量の資金は主に選挙資金やロビー活動に費やされたようだ、と指摘している。

日本にも承認圧力強まる？

この遺伝子組み換え（GM）鮭は、実は日本の食卓に直結した問題でもある。現在、日本の食卓に出回る鮭の多くが、輸入されたものになってしまったからだ。このところ毎年、国内生産量は減り続け、一九九六年の三七万三八五トンをピークに、二〇一二年には一六万五九〇二トンにまで減少した。代わりに増え続けたのが輸入で、二〇一二年には三〇万七六九八トンにまで増え、国内生産量をかなり上回ってしまった。しかも国産は原魚重量なのに対して、輸入は製品重量であることから、実質自給率は二〇％程度とみられている。輸入先も一九九〇年代までは米国やカナダ産が多かったのだが、いまやチリ産が多数を占めており、しかも天然ものが激減、大半が養殖ものになってしまった。

いま、漁業は養殖の時代になった。その主役としていまＧＭ鮭が開発され、養殖が始まったのである。もしチリの養殖場にまで受精卵の販売が拡大すれば、日本にも大量に入ってくることになる。

養殖の時代になり、作物の種子に当たるのが受精卵ということになる。アクア社は、付加価値をつけて、将来の養殖の主役にするためＧＭ鮭の開発を進めてきたのである。作物では種子を制するものが作物を支配してきたが、魚では受精卵を制するものが魚の世界を制する時代がやってきたのだ。

米国内での表示をめぐる攻防戦

米国ではまだ、ＧＭ鮭の表示が確定していない。食品医薬品局（ＦＤＡ）は、安全として承認した際に、表示の指針を発表した。その指針では、ＧＭ鮭は通常の鮭と実質的に変わらない、「実質的同等」であるということで、強制力を持つものではなく任意の表示であった。そのため、食品安全センターなど、市民団体が「これでは選択できない」として、表示を求めて活動を活発化させた。

州政府として遺伝子組み換え（GM）鮭に特異な動きを見せたのが、サケの捕獲を生業としている人が多い、アラスカ州とカリフォルニア州である。アラスカ州では、GM鮭に対する反対運動が、州ぐるみで強まり、二〇一三年初めに、GM魚への表示を義務づける法律が施行された。

カリフォルニア州でも、GM魚を表示させる法案が州議会に提出されたが、州議会予算委員会が二〇一二年一月に同法案を否決してしまった。それでも二〇一四年十月には、今度は同州でのGM鮭の商業生産を禁止する法律を成立させた。ワシントン州シアトル市議会もまた、二〇一三年四月には、GM魚承認に反対の意見を全会一致で可決した。しかし、バイテク業界や食品業界の反撃にはすさまじいものがある。表示をさせまいとする動きに加えて、アラスカ州の表示法律を無効にする動きも強まっている。まだ米国では表示をどうするかが確定していない。しかし、カナダで出回ったことから、何らかの動きが出てくることは必至である。

どうなる？　日本の食卓

この遺伝子組み換え（GM）鮭は、日本ではどのような扱いとなるのだろうか。まずは逃げ出した際の、生物多様性に及ぼす影響などが問題になってくる。GM鮭の養殖に関しては、環境影響評価では、野外の場合はカルタヘナ法の第一種使用が適用され、屋内の場合は第二種使用が適用されることになる。第一種使用は、開放系でＧＭ生物を取り扱う規定であり、第二種使用は、閉鎖系で扱う際の規定で第一種に比べ規制が弱い。

食品としての安全審査は、食品安全委員会が行うことになる。しかし、その評価方法等はまだ確立されていない。

すでに国連の世界保健機関（ＷＨＯ）と食糧農業機関（ＦＡＯ）の共同の下部機関で、食の安全審査や表示などの国際標準を定めるコーデックス委員会が、特別部会を開催してＧＭ動物食品の安全性評価に関する国際規格を設定している。そのバイオテクノロジー応用食品特別部会は、二〇〇〇年から二〇〇三年にかけて作物などから作られる食品、二〇〇五年から二〇〇七年までは魚などの動物食品について、安全性評価の国際規格づくりで議論を行った。この会議は日本で開催され、国際規格の柱は作られたが、米国政府や多国籍企業の圧倒的力の前に、厳しい規格はできなかった。しかも、基本は各国政府の判断にゆだねられるところが多く、実効性があるものにはならなかった。

次に、ＧＭ鮭はどのように表示されるのか。このような動物食品の表示も、植物由来食品が行っている現行の制度に基づくと思われる。この場合、組み換え遺伝子に由来した蛋白質やＤＮＡが残っている場合のみの表示になる。現状では、表示される可能性が高いが、カナダが入っているＴＰＰ（環太平洋経済連携協定）や、今後交渉が進むであろう日米ＦＴＡなどの行方によっては、米加両国の圧力が強まり、表示されない可能性も出てくる。

すでにＴＰＰ交渉合意に中に、税関手続きの簡略化が入っており、これまで平均で九二・五時間かかっていた税関通過を、四八時間以内にしなさいとしている。この協定は生かされる可能性がある。約半分の時間であることから、ＧＭ鮭かどうかのチェックは不可能になり、事実上フリーパスで日本の市場に流れ込みかねない。

また、ＴＰＰ交渉合意に中に、利害関係者を食品の基準、規格や安全性評価などに参加することを求めている。多国籍企業を食品表示や安全審査、環境影響評価などを作成したり改正するのに参加させろというのである。利害関係者が参加すれば、基準や規格は業界寄りになり、消費者の意見は通り難くなってしまう。

このように考えていくと、環境影響評価もおざなり、食の安全審査も簡単、表示もないままカナダ・米国からＧＭ鮭が流入する事態になりかねない。また、この先、チリなど海外で養殖されたＧＭ鮭が、私たちの食卓に入ってくることも考えられる。現在のように養殖の外国産に依存する限り、その可能性は高いといえる。さらには、成長の早い魚の開発に、ゲノム編集やＲＮＡ干渉法は適しており、このような新技術に移行する可能性もある。ますます国産の養殖ではない鮭を守ることが大切になってきたといえる。

第11章　多国籍企業の合併と特許戦争が奪う市民の権利

バイエル社がモンサント社を買収

二〇一六年九月十四日、ドイツの化学メーカー・バイエル社が、世界最大の種子メーカーの米国モンサント社を買収すると発表した。

二〇一六年に入りその動きは加速していたが、両社によって合意されたのである。この合意に際しモンサント社は声明を発表し、「次世代農業をリードする技術開発を加速させることができる」「三年後には年間約一五億ドルの相乗効果を発揮するだろう」と述べている。買収条件は、バイエル社がモンサント社の株を一株一二八ドルで購入することになった。この金額は二〇一六年五月九日の終値に四四％のプレミアムを付けた額である。総額は約六六〇億ドルに達する。農薬のバイエル、種子のモンサントの両社が合わさり、それぞれの分野で世界のシェアの約三割の巨大企業が誕生することになる。しかも、モンサント社は米国で強く、バイエル社はヨーロッパで強いため、地域的にはこの買収は効果が大きいと見られている。重複は、米国での綿花市場程度である。

これには前哨戦がある。モンサント社は、スイス・シンジェンタ社の買収に乗り出していた。この買収工作が、相次ぐメガ合併の呼び水になったのである。しかし、モンサント社によるシンジェンタ社買収が失敗したことで、今度はモンサント社が買収されることになった。このバイエル社による買収報道を受けて、バイエル社の株価は下落、モンサント社の株価は上昇した。買収に伴うプレミアによりモンサント株が上昇したが、同時に、悪名高いモンサント社の名前が消えることをプラスと判断した人も多いと思われる。またバイエル社の株が下落したのは、財政負担が大きいことへの投資家の懸念だというが、イメージダウンもまた、大きな原因と考えられる。

中国企業もシンジェンタ社を買収

もうひとつの巨大合併が、中国化工集団公司による世界最大の農薬企業シンジェンタ社買収である。中国のこの国営企業は、二〇一一年にはイスラエルの農業関連企業ＭＡＩ社を買収している。ＭＡＩ社は現在の名はアダマ社である。さらには二〇一五年にイタリアのタイヤ・メーカーのピレリ社を買収している。さらにモンサント社を振ったスイスのシンジェンタ社を約四三〇億ドルで買収したのである。この中国の企業は、二〇一六年八月二十二日に米国政府財務省の下部機関である対米外国投資委員会（ＣＦＩＵＳ）から、両社間の売買契約に関して承認を受けたことを発表した。ＣＦＩＵＳは米国の安全保障の立場から検討を加えてきたもので、まだ独占禁止法に引っかかるかどうかは結論が出ていない。この買収は、ジンジェンタ社から見ると、巨大化する中国市場をターゲットにできるし、中国企業から見ると、世界に打って出ることができる、という思惑がある。

表1　3大企業グループ買収・合併後のシェア

	種子	農薬
モンサント・バイエル	29%	26%
デュポン・ダウ	24%	16%
シンジェンダ・中国化学集団公司	8%	20%
計	61%	62%

2013年、ETCグループより

さらには二〇一五年十二月には、米デュポン社と米ダウ・ケミカル社が経営統合を発表し、二〇一六年七月二十日に正式に合意した。これは米国の巨大化学企業同士の経営統合であるが、アグリビジネスの分野でも巨大企業誕生である。この両社の合併は、対象とする分野で重複がほとんどないことから、理想的な合併といわれている。しかし、地域的には両社ともに北中南米で強いものの、ヨーロッパやアジアで弱くあまり効果が期待できないといわれている。

これらの合併により、一〇〇億ドルを超える売り上げの三つの巨大企業が出そろい、これにより種子・農薬のアグリビジネスは、三社による世界規模での寡占状態を形成することになった。とくにバイエル・モンサント社の両社の売り上げは二六六億ドルに達する。この合併・買収劇の中で唯一取り残された多国籍企業が独ＢＡＳＦ社である。同社に関しては、この合併・買収が一段落した後に来る、新たな動きを見ていると思われる。

この三つの買収や合併は、いくらか条件がつけられているものの順調に進んでおり、このまま巨大企業による寡占化が進めば、世界のアグリビジネスの世界は、この三社によって握られることになり、日本への影響も避けられないものになる。

特許戦争も激化

このメガ合併により、モンサント社がなくなるわけではない。むしろ同社の活動が広がる可能性が強まったといえる。

その一つの動きを、知的所有権争いに見ることができる。モンサント社は、新たにゲノム編集技術の特許戦争に参入している。ゲノム編集技術は、遺伝子組み換え技術に取って代わりつつあり、その行方が注目されている。二〇一六年九月二十二日、同社はブロード研究所と、同研究所が持つCRISPR/Cas9の特許権の独占的使用に関して合意に達した。これにより、デュポン社が先行していたCRISPR/Cas9を用いた作物の開発に、モンサント社が参戦するとともに、特許紛争が激化することになった。

CRISPR/Cas9をめぐる特許紛争は、これまでカリブー・バイオサイエンス社対ブロード研究所の争いで展開してきた。最初にCRISPR/Cas9が大腸菌で働くことを確認して、初めてこのシステムの有効性を示す論文を発表したのは、カリフォルニア大学バークレー校のジェニファー・ダウドナとスウェーデン・ウメオ大学のエマニュエル・シャルパンティエのコンビだった。ジェニファー・ダウドナは、後にカリブー・バイオサイエンス社を設立した。このカリブー・バイオサイエンス社は、デュポン社と組んで作物の開発を進めている。

それに対して、ブロード研究所のフェン・チャンは、CRISPR/Cas9が初めて哺乳類の細胞の中で働くことを発表した。このブロード研究所は、マサチューセッツ工科大学とハーバード大学の研究者が二〇〇四年に設立した研究所である。結局、特許権がブロード研究所に認められたため、カリブー・バイオサイエンス社が訴え紛争化してきた。この特許紛争が、モンサント社対デュポン社という多国籍企業間の争いの様相になってきたのである。

これまでも特許を制するものが、種子を制してきた。遺伝子組み換え作物と同様に、ゲノム編集技術でも、結局、モンサント社が有利に展開しているといえる。

グリホサートをめぐる業界の圧力

モンサント社の暗躍はそこにとどまらない。遺伝子組み換え作物の主力商品である、除草剤耐性作物に用いられるラウンドアップの主成分であるグリホサートをめぐり、この間、大きな議論が巻き起こってきた。

きっかけは、二〇一五年三月、WHO（世界保健機関）の専門家機関のIARC（国際がん研究機関）が、グリホサートを発がん物質として正式に認めたことにある。これに対して、モンサント社などが激しく反発、IARCに対して攻撃を加え始めた。同社は米国政府に対して、IAR

Cへの資金提供を絶つよう働きかけ始めた。また、EPA（環境保護局）に対しても働きかけを強め、同局がIARCの評価を採用しないように働きかけたのである。そのためEPAは一時、会議を開くことができず、最終報告書を発表できない状態が続いた。

さらにモンサント社は、IARCの科学者に対しても攻撃を加えており、そのためIARCは「業界によって脅されていると感じている人がいる」という声明を発表するに至ったのである。

米国だけでなく、ヨーロッパへもこの動きは波及した。二〇一六年末に、EUではグリホサートの承認期限を迎え、再承認すべきかどうかの議論が行われていた。二〇一六年四月十三日、欧州議会本会議は、条件付きとはいえグリホサートを再承認したのである。その直前には、欧州議会環境委員会が再承認すべきではないと可決していた。本会議はそれを逆転し、従来の十五年ではなく七年間と制約を厳しくしたものの、再承認したのである。しかし、この議会本会議の決議そのものは拘束力を持たないため、決定権を持つ欧州委員会は新たに、七年間ではなく九年間に延長して承認を求めた。結局、五月八日、五月十九日、六月六日、六月二十四日の四回、同委員会は再承認を決めることができなかった。

このままだと時間切れでグリホサートは失効し、EUでは使えなくなりそうになった。それをひっくり返したのが、モンサント社などが組織した「グリホサート・タスク・フォース」だった。「グリホサート・タスク・フォース」の圧力により、結局、欧州委員会はグリホサートの承認を二〇一七年末まで暫定的に延長することを決定したのである。

しかし、それで収まるわけではない。二〇一七年末まで延長されたものの、その時点での承認が必要になる。そのためモンサント社などは、さらに攻勢を強めた。その中でＥＦＳＡ（欧州食品安全機関）がグリホサートは安全という評価を下した。しかしその後、その根拠に用いた重要な論文二本について、モンサント社が何らかの形で関与していることが明らかになった。モンサント社はいま、カリフォルニア州サンフランシスコの裁判所で、ラウンドアップが悪性リンパ腫である非ホジキン・リンパ腫の原因となったと訴えられており、その件数は二二五件に達しており、その対策を含めて、ラウンドアップを安全と評価する論文に多くかかわっていると見られている。

グリホサート禁止を求める市民の運動広がる

このように多国籍企業による政治的な動きによって、グリホサートはかろうじて生き延びた。自分に都合が悪いことでも、政治的に乗り切ってきたのが、モンサント社などの多国籍企業である。買収や統合によって、この力が一層強化されようとしている。しかし、市民は負けてばかりいるわけではない。

ＥＵではグリホサートの禁止を求めて、欧州市民イニシアティブが署名を集めていたが、約一三〇万筆が集まり、二〇一七年十月二十三日に欧州委員会に提出された。署名運動に取り組んでいた同団体は、欧州委員会から正式に回答を得るために必要な署名数を上回ったと発表した。

ＥＵ各国の間でも、グリホサートを禁止する動きが作られてきた。

まず取り組んだのがフランスで、二〇一七年一月から公共の場所でのこの除草剤の使用を禁止したのである。ベルギー連邦政府もまた、一般市民がグリホサートを使用することを禁止する方針を明らかにした。同国では、地方自治体の多くが市民の使用を禁止していたが、連邦政府が認めていたため、それを修正したのである。スウェーデン政府もまた、グリホサートなど除草剤の個人使用を禁止する方針を打ち出した。

二〇一七年秋、欧州委員会で行われた投票で、グリホサートの再承認が繰り返し否決された。二〇一七年末の期限を前に、ぎりぎりの期限と見られた十月二十五日に、期間を短縮して承認を求めたが、否決された。その前日には、欧州議会がグリホサートの五年間禁止を決議していた。これは欧州議会環境委員会が三年間の禁止を決議していたが、それを延長しての可決だった。ただし欧州議会の決議には拘束力はない。欧州議会は九月の時点で、モンサント社によるロビー活動を禁止していた。

そして十一月九日に二度目の投票となった。投票は加盟二八カ国が行い、英国・スペインなど一四カ国が支持、フランスなど九カ国が反対、ドイツなど五カ国が棄権した。ＥＵの決議では、一五カ国以上の支持、六五％以上の人口の支持が必要だが、いずれもその数に達せず拒否された。これによりグリホサートの再承認はふたたび否決された。投票結果は次の通りである。

再延長に賛成

チェコ、デンマーク、エストニア、アイルランド、スペイン、ラトビア、リトアニア、フィンランド、ハンガリー、オランダ、スロベニア、スロバキア、スェーデン、英国（総人口の三六・九五％）

再延長に反対

オーストリア、ベルギー、ギリシャ、クロアチア、キプロス、フランス、イタリア、ルクセンブルク、マルタ（総人口の三二・二六％）

棄権

ブルガリア、ドイツ、ポーランド、ポルトガル、ルーマニア（総人口の三〇・七九％）

しかし、この決議の直後の十一月二十七日、今秋三度目の投票で前回棄権したドイツなどが賛成に回り、五年と期間を短縮してグリホサートの再承認が可決された。ドイツの変身の背景には、メルケル政権の不安定さがあった。農業大臣と環境大臣が対立、農業大臣が支持に回ったのである。前回賛成の国はそのまま賛成に回り、反対国に変化はなく、ドイツ、ブルガリア、ポーランド、ルーマニアの四カ国が棄権から賛成に回った。結局、棄権はポルトガルだけだった。グリホサートは、今回はかろうじて生き延びたが、五年後の次回は生き延びることはできないだろうと

米国で母親団体を立ち上げたゼン・ハニーカットさんを中心に集まった日本の母親たち（2016 年）

いわれている。

米国で拡大する母親の運動

米国では、全国に広がった遺伝子組み換え食品を表示させる運動が、衰えを知らない。その運動が最近始めたのが、食品などの検査運動である。その検査の中で、食品や飼料以外にも、飲料水、母乳、尿、ワクチンからグリホサートが検出され、大きな反響が巻き起こった。検査を行ったのはマムズ・アクロス・アメリカ（米国中の母親）で、二〇一二年にカリフォルニア州に住む母親のゼン・ハニーカットさんらが中心になって取り組み始めた全米のお母さんの団体である。この母親団体は、食品などでラウンドアップの主成分グリホサートの検査を行ってきたが、実際に検査を進めていくと、次から次に検出され、その汚染の深刻さに直面したのである。

子どもたちへの影響が大きいとして、ワクチンまでも購入して検査機関に出したところ五種類のワクチンすべてから、グリホサートが検出された。原因は、ワクチン成分の安定剤として用いられているゼラチンにあった。ゼラチンは、ブタの靭帯から作られており、その豚の飼料に用いられているトウモロコシなどの遺伝子組み換え作物が原因だった。

このような市民の取り組みを受けて、二〇一七年一月から、グリホサートの人々の健康に及ぼす影響に関する大規模プロジェクトが、「デトックス・プロジェクト」によって取り組まれることになった。同プロジェクトは、米国の人々の尿中にどれほどグリホサートが含まれているかを検査し、またどのように健康への影響があるのかを研究することになっている。同プロジェクトは二〇一五年に有機消費者協会とカリフォルニア大学サンフランシスコ校の協力を得て、米国で初めてグリホサートの尿の濃度を検査して発表した。その際、サンプルの九三%からグリホサートが検出されていた。

ハワイでの市民運動の取り組みも注目されてきた。ハワイは、ほとんどの遺伝子組み換え作物の開発メーカーが圃場を設け、試験栽培を行っている。しかし、健康被害が拡大したことから、住民の間で試験栽培停止を求める運動が広がり、カウアイ島、マウイ島、ハワイ島で試験栽培が禁止となり、モンサント社などバイテク企業が共同で、その無効を求めて訴えた。この事態に、シンジェンタ社は事業の売却を計画し、約六〇〇〇エーカーの土地の売却を行うことを決めたのである。市民が多国籍企業の追放に成功したのである。

メガ合併への批判強まる

二〇一六年九月、カナダの市民団体とカナダ農業連盟は、カナダ連邦政府競争局に対して、バイエル社によるモンサント買収は独禁法に抵触するとして審査を求めた。すでに米国やEUでは審査が進められていたが、生産国で提起されたのは初めてである。その理由として、カナダで栽培されているナタネの九〇％以上が、両社の種子であることがあげられている。その他にもトウモロコシ、大豆、テンサイのGM種子はほとんどが両社のものであり、公平な競争が奪われる、と指摘している。

欧州でもこのメガ合併は「地獄で作られた結婚」として批判が強まった。バイエル社の最高経営責任者のヴェルナー・バウマンは、新聞のインタヴューに答えて、モンサントの買収が正式に決まった後でも、欧州社会が受け入れない限りヨーロッパにGM作物は導入しないと明言するなど、対応に追われている。

最大の問題は、このメガ合併がこのまま進むと、価格操作が容易になり、種子代・農薬代の意図的引上げは避けられず、農業や農家が巨大企業に奴隷化される可能性が強まる。巨大化した企業間では、種子の特許化を目指し、遺伝子組み換えやゲノム編集、エピゲノム編集、RNA干渉法による新たな農作物の開発に拍車がかかり、食の安全を脅かす可能性が強まる。英国ガーディアン紙は、インドの典型的な小規模農民が、モンサント社の種子と除草剤を使い、シンジェンタ社の殺虫剤を用い、莫大な特許料がバイエル社に転がり込むという構造に組み込まれることになる、と指摘している。三社が占める割合は、種子も農薬も六〇%を超え、またGM作物に関する特許はほぼ一〇〇%に達する。

もともと農業は英語で「アグリカルチャー」である。カルチャー、すなわち文化であり、それは地域の文化であり、食文化であり、人々の暮らしの基盤である。

それを「アグリビジネス」に変えたのが、食料に手を出した巨大企業である。アグリビジネスを担う巨大企業は、けっして実際の生産には手を出さない。そこはリスクが大きいからである。リスクが大きいところは農家に担わせ、それを食い物にして巨大化してきたのである。その代表格が、カーギル社のような穀物メジャーであり、モンサント社やバイエル社のような種子や農薬メーカーである。その巨大企業同士が合併し、さらに巨大化すれば、農家に対する圧力はさらに強まる。巨大企業による支配が進むか、市民による反撃がそれを押し戻すのか、重大な岐路に差し掛かっているといえる。

第12章　種子法廃止と多国籍企業による種子支配・食料支配

種子支配の始まり

種子は、植物にとって世代をつないでいくいのちの源である。いのちの源だからこそ持つ豊かな栄養分を、私たちはいただいてきた。種子の中に貯蔵される物質が、でんぷんを主体とするものにトウモロコシやイネがあり、主食として利用してきた。また、脂肪が多いナタネやゴマ、綿などは主に油脂としていただいてきた。私たちの大事な食料であり、それを受け継いでいくのが種子である。そのため、種子を支配することは、世代を超えて食料を支配することになる。

その種子には、それぞれ生き残るための適地が原産地としてあり、その地から人間が手を加えながら世界中に広がってきた。そのため、それぞれの地域に合った作物に改良するために、人々は工夫を繰り返してきた。それが品種の改良の原点である。

そのため、種子というのはもともと農家や農家に寄り添っている農業技術者が、地域にあった美味しくて収量が多いなど、優れた形質を持つ品種を開発することを出発点にしていた。その農家の開発力を奪い企業による種子支配をもたらした出発点が、緑の革命である。その後、遺伝子革命がおき、種子を支配するものが食料を支配することが明らかになっていく。その種子支配と食料支配をもたらしたのが、種苗法や特許などの知的所有権である。こうしてバイオメジャーと呼ばれる多国籍企業が種子を支配する時代になっていった。

その種子にかかわる国内法には主に二種類ある。種苗法と主要農作物種子法である。その一方の柱である主要農作物種子法の廃止が決まったが、もう一つの種苗法はむしろ強化されてきたといえる。なぜか、まずは種苗法から見ていこう。その出発点が、緑の革命である。

第二次大戦時、米国ではヨーロッパ戦線などに向けての食糧援助などによって慢性的な食糧不足状態が続く。それを解決するために高収量品種を開発する取り組みが、大戦の最中、メキシコ高地で始まった。主にトウモロコシ、小麦が取り組まれ、その資金をロックフェラー財団が提供した。メキシコの研究所は、その後、国際農業研究協議グループ傘下・国際トウモロコシ・小麦改良センター（ＣＩＭＭＹＴ）になる。稲の場合は一九六〇年代にロックフェラー財団、フォード財団が資金を提供して、国際稲研究所（ＩＲＲＩ）が設立される。このＩＲＲＩは、そこで研究していたある研究者によると、「周囲は暗いのに、そこだけ明かりがこうこうと輝き、フィリピンの中の米国といわれるところ」であった。巨大財閥は最後には必ずといっていいほど、種子や食料に手を出してきた。かつてはロックフェラー財団などであり、現在はビル・ゲイツ財団が、モンサント社や米国政府と組んで、世界の食料支配のために資金を出している。

緑の革命がもたらしたもの

メキシコ高地で行われた高収量品種の開発は、Ｆ１品種が市場を制覇する出発点でもあった。

Ｆ１とは子どもの代のことで、Ｆ１品種とは雑種一代目を意味する。メンデルの法則には、「優性の法則」があり、それは雑種一代目すなわち子どもの代では、両親の強い形質のみ表れるというもので、この法則を利用して開発したものである。孫の代のＦ２（雑種二代目）になると、メンデルのもう一つの法則である「分離の法則」が働き、隠れていた形質が表れて、収穫された作物の形質はバラバラになり、同じものができない。例えば、いま日本のスーパーではトマトという「桃太郎」が市場を席巻しているが、これはＦ１品種である。農家が桃太郎から種子を得て翌年蒔いても、同じ桃太郎はできない。そのため農家は種子企業が開発した種子に依存するようになるのである。こうして種子の権利が農家から奪われ、企業支配が始まることになる。

少し小麦をめぐる動きに触れる。エジプトという地名は、パンを食べる人々という意味だそうだ。乾燥したアフリカの地域が原産地の穀物である。しかし、緑の革命で、高収量で世界中どこでも栽培できる品種が開発された。開発した人たちは、高収量品種の登場で、世界から飢餓がなくせると思った。しかし、逆に種子の企業支配をもたらし、富の偏在が起き、世界中に飢餓をもたらしたのである。

ＣＩＭＭＹＴによって一九六〇年代に開発された、日本の農林一〇号とメキシコの小麦を掛け合わせて開発された小麦は、成熟が早く、収量が多く、あらゆる気候に適した品種であった。この品種を基に、それぞれの地域の品種と掛け合わせて、どんな土地にも適した品種が開発できるようになった。こうして「緑の革命」の品種が世界中を席巻し、限られた品種に依存するようになったのである。しかし、この品種は大量の農薬や肥料を用いることが前提になり、お金がかかる農業をもたらし、小規模経営の農家の淘汰をもたらしたのである。

　この緑の革命が、春小麦をもたらした。小麦は通常、秋に種子を蒔く冬小麦が基本である。しかし、春に種子を蒔く小麦は、寒い地域に適した品種で、米国北部やカナダなどで栽培が進んだ。夏の日差しを受け育つため、グルテンの多い品種を作ることができた。このグルテンの多さが強力粉をもたらした。弾力性と粘着性を持っているため、パンのふっくら感と麺のシコシコ感をもたらした。しかも春小麦は、硬質の小麦であることから長持ちのする品種でもあった。

　このように緑の革命の品種が世界の小麦を変え、その結果、品種が限定されるようになった。世界で五品種程度になってしまったのである。種子の企業支配が進むと、品種が少なくなり、危険なウイルスや細菌などによる病気が流行することで、世界の小麦生産が壊滅する危険性が強まったのである。そのため、世界中で栽培されてきたさまざまな品種の小麦の種子を保存する種子バンクがノルウェーのスヴァールバル諸島の永久凍土層に作られた。企業支配は、作物の多様性を奪い、全滅をもたらす危険な状況に追い込むことになる。

企業の権利強化の時代へ

緑の革命をきっかけに、研究機関や企業による新品種の開発が進むとともに、開発した品種の権利を保護する動きが出てきた。こうして一九六一年にＵＰＯＶ（植物の新品種保護のための国際条約）が作られた。日本がこの条約に加盟したのは遅く、一九八二年のことだった。この国際条約は国内法制定を求めていたため、日本は加盟の前提として一九七八年にそれまでの農産種苗法を改正して種苗法を制定した。この国際条約・国内法がもたらす知的所有権は「植物特許」と呼ばれた。しかし、特許制度とは違いかなり緩やかな制度であった。しかし、一九八〇年代に入り遺伝子組み換え作物が登場し、この制度の変更が求められたのである。

遺伝子組み換え作物などバイオテクノロジー応用技術の登場が、種子開発の中心に位置するようになり、その保護を主要目的にＵＰＯＶ条約が改正されたのが、一九九一年のことだった。改正では、従来は対象が農作物四三〇種類にとどまっていたが、それが全植物種に拡大された。従来は植物個体が対象だったが、細胞ひとつにまで権利を与えることになった。さらに従来は権利が及ばなかった収穫物にまで権利が及ぶようになったのである。自家採種を認めず、特許との二重保護を認めることにもなった。保護期間も十五年から二十年に延長され、新品種の開発や種子の企業支配が進み、企業の権利が大幅に強化されたのである。

このＵＰＯＶ条約の改正と並んで進められたのが、特許制度の変更である。従来は特許制度の対象ではなかった、作物や家畜などの生命までも特許の対象にしようという動きが強まったのである。

もともと特許制度は「工業製品」で従来にはなかった発明に対して付与された権利だった。生

生命特許はいらない！キャンペーンより

命は工業製品の発明品ではないということで、特許にはならないというのが従来の常識だった。それを覆したのが、米国での最高裁判決だった。一九八〇年に初めて生命特許が認められたのである。ゼネラル・エレクトリック社の研究者チャクラバーティーが開発したシュードモナス属細菌を改造、重油分解能力を高めた細菌が、問題の「生命」だった。最初、その細菌は特許庁によって特許にならないと判断された。そのためチャクラバーティーは裁判に訴えた。そして最高裁判決で生命特許が認められたのである。

初めての植物特許は、一九八五年、モレキュラー・ジェネティクス社が開発したトリプトファン含有量の多いトウモロコシだった。さらに一九八八年には初めての動物特許としてハーバード大学が開発した、がんを起きやすくした実験用マウスが認められた。このマウスの開発はデュポン社が資金を提供し、商業権を得たことからデュポン・マウスとも呼ばれている。こうして米国で生命特許が認められ、新しい品種の保護も、より強力な特許権で保護されるようになったのである。

最初、生命特許は米国だけの特異なものだった。しかし、一九九五年にWTOが設立されたことで、国際的なものになっていくのである。一九九四年にはWTO協定の一つとして「Trips（知的所有権）協定」が締結された。貿易の自由化・促進のために、知的所有権の国際的ハーモナイゼーションが進められたのである。こうして米国の特許制度が世界の特許制度になり、各国ともに生命特許を取り入れていくことになる。

日本政府がUPOV条約改定を正式に受け入れたのは一九九八年のことである。種苗法が改正され、これにより特許との二重保護が可能になった。生命特許を受け入れたのは二〇〇二年のことで、小泉政権の「知的財産権保護戦略」の中でのことだった。二〇〇二年十二月四日に知的財産基本法が公布され、特許と新品種保護制度の二重保護が本格的に有効になっていくのである。もうひとつの種子にかかわる法律「主要農作物種子法」はどうだろうか。

一九八〇年代の種子法改正と遺伝子組み換え作物開発

新品種の開発の主体の変化を大ざっぱにたどって見ると、農家から、自治体を主体とした公的な研究所に変わり、さらに民間企業に変わり、その企業が多国籍企業へと変わってきたといえる。この流れの中で、主要農作物種子法の歴史をたどって見る。

主要農作物種子法が作られたのは、農家から公的機関（国・自治体）へと開発の主体が変わる時期に当たる。一九五二年に法律が制定されるが、当時は食糧不足の時代であった。そのため食糧増産を目的に、国が支援し、都道府県が優良な品種を開発するのを促すのが目的で制定された。ここでいう主要農作物とは稲・小麦・大麦・裸麦・大豆である。

一九五二年は占領行政による農地改革三法が統合され、農地法が公布された年である。この頃から、農薬のＤＤＴやパラチオン、２・４‐Ｄなどが普及し始め、被害も起き始めた時期に当たり、耕運機の普及も始まっている。農業が大きく近代化に向かって進み始めた時期といってよい。それに合わせて、新品種開発に力を入れていくことになったのである。

戦後の取り組みが一段落し、公的機関から民間企業へと開発の主体が移行する時期の一九八六年に、この法律が改正される。この法改正が行われるきっかけが、一九八四年に農水省が発表した「バイオテクノロジー技術開発計画」である。それまで農水省は、民間企業との関係が希薄な省であった。しかし、世界的に競争になりつつあるバイオテクノロジーによる新品種開発を進めるうえで、民間企業との関係を強化し、共同で開発を進める姿勢をとることになった。その背景には、当時の中曽根政権による民活化、すなわち民間企業の活用があった。

農水省としては、バイオテクノロジーを用いた新品種開発に取り組むためには、民間企業とのつながりを作りながら、新しい技術開発の道に入っていかなければならなかった。そのためには、従来の法律や制度を改正する必要が出てきた。

それを受けて、一九八六年六月に主要農作物種子法が改正される。この法改正により主要農作物の民間企業による開発が可能になった。一九八六年十二月には遺伝子組み換え作物の農林水産分野における利用指針が作成された。一九九〇年にはＳＴＡＦＦ（農林水産先端技術振興センター）が設置された。このＳＴＡＦＦが、民間企業と連携して、遺伝子組み換え作物開発の最前線に立つのである。

日本では、バイオテクノロジーでの開発は稲が中心であり、当時、さまざまな遺伝子組み換え稲の新品種開発が行われていた。三菱化学系の企業である植物工学研究所が開発を進めていたのが「殺虫性（Bt）稲」である。また同研究所は農水省と共同で「縞葉枯れ病抵抗性稲」を開発していた。三井化学が「低アミロース米」と「低アレルゲン米」の開発を進めていた。低アミロース米は、もち米に近い粘りを持たせて味覚を改良した米である。加工米育種研究所が開発を進めていたのが「低たんぱく米」である。酒造用のお米の開発であり、国家プロジェクトとして取り組まれた。

このように民間企業独自の開発や共同開発が進むのに合わせて、主要農作物種子法を実際に運用している「主要農作物種子制度の運用」が変更されていくのである。一九九一年六月にはその運用で、民間企業の試験販売も可能になった。その一九九一年からはＳＴＡＦＦを軸にイネゲノム解析プロジェクトが始まる。新しい遺伝子組み換え稲の新品種開発やイネゲノム解析プロジェクトの予算を確保するために、新たな資金源を確保することが迫られた。そして行われたのが、一九九一年五月の競馬法・中央競馬会法の改正だった。中央競馬の売り上げの二五％を占める巨額のてら銭の用途に目を付けたのである。

それまで中央競馬での馬券の売り上げのてら銭は、国に一〇％、中央競馬会に一五％割り振られ、国に割り振られた分の用途は、畜産振興と福祉に限定されていた。この法律改正で、畜産振興と福祉に「研究開発」が加えられたのである。こうして莫大な資金も得られたことで、稲を軸に遺伝子の解析や遺伝子組み換え作物の開発がすすめられたのである。

さらには一九九六年六月の主要農作物種子制度の運用で民間企業の本格販売も可能になった。この年は、米国で遺伝子組み換え作物の本格的な栽培が始まった年でもある。この時点ですでに主要農作物の新品種開発、種子販売に門戸が開かれていたのである。

種子法廃止の意味するところ

では、今回の主要農作物種子法廃止の意味とは何だろうか。二〇一二年末に安倍政権が誕生した。その月の十二月二十六日、日本経済再生本部（安倍本部長）を設置し、アベノミクスを本格稼働させた。その稼働の柱の一つとして翌二〇一三年一月二十三日、民主党政権によって休眠状態となっていた規制改革推進会議（議長・岡素之・住友商事相談役）を復活させたのである。この推進会議の提言で、さまざまな分野で規制緩和が進むことになる。今回の種子法廃止も、同様である。

二〇一六年十月六日、第四回規制改革推進会議・農業ワーキンググループ（WG）で種子法廃止の提案が出された。その理由が、民間企業の開発意欲を阻害するというものであった。これまで述べてきたように、すでに民間企業の参入の仕組みは作られ、廃止する理由など見当たらなかった。二〇一七年一月三十日、第九回WGで農業競争力強化支援法案の提出が提言される。種子法廃止と農業競争力強化支援法はセットで出されたものであり、そこにこの廃止の狙いがあった。

この一連の流れは、安倍政権による国家戦略と密接につながりがある。種子を支配するものが食料を支配するという現実が、モンサント社などの多国籍企業によって現実化してきた。種子を支配するには知的所有権（知的財産権）を支配することにある。それをもたらしているのが、新技術による特許権取得にある。安倍政権が打ち出している国家知財戦略を農業分野で推し進めるために打ち出されたのが、種子法廃止と農業競争力強化支援法である。

安倍政権は、戦略的イノベーション創造プログラム（SIP、内閣府）を進めてきた。同政権は一貫してさまざまな分野でイノベーションを推進してきた。農業では、次世代農林水産業創造技術（アグリイノベーション創出）を柱としてきた。知的所有権を取得することが目的である。それにより種子を支配し、食料を支配していこうというものである。

次世代農林水産業創造技術として、新たな育種技術の確立のために最も力を入れているのがゲノム編集技術などＮＢＴ（ニュー・バイオテクノロジー）といわれる分野である。ゲノム編集技術、ＲＮＡ干渉などのＲＮＡ操作技術、エピゲノム操作技術など、遺伝子組み換え技術の次に位置するバイオテクノロジーである。

すでに述べたように、農業・食品産業技術総合研究機構（農研機構）によってゲノム編集稲の「シンク能改変イネ」が開発され、栽培試験が始まっている。その他にもＲＮＡ干渉法を用いたジャガイモの開発が理化学研究所で進められており、エピゲノムを操作したジャガイモが弘前大学によって開発されている。ＲＮＡ干渉法は、さらに容易に遺伝子の働きを壊すことができるため、応用は広がろうとしている。

主要農作物種子法廃止が奪うもの

安倍政権が目指す農業競争力強化は、けっして農業や農家を強化するものではない。企業やその技術開発力を強化するものである。農業や農家は逆に、決定的な致命傷を受ける可能性が強まる。なぜならば、主要農作物種子法廃止は、これまで自治体の試験場などで開発してきた品種や、かつて農家が開発して根付いていた品種を危うくするからである。それは大事な品種が失われ、食卓に登場する食べものの多様性が奪われることを意味する。

大豆を例に見ると、日本には、サトウイラズ、シャッキンナシなど、ユニークな名前を持った、優れた、かつ多様な品種があり、豆腐や納豆、味噌などの食べものになり、私たちの食文化を幅のあるものにしてきた。しかし、世界的に見るとモンサント社の除草剤耐性大豆が約八割を占めるという事態が進行している。まさに特許を支配することが世界の食料を支配することに通じることを現実化しているといえる。

これまで自治体が担ってきた新品種開発と普及が失われ、民間企業の参入が進めば、自治体の研究者は民間企業に移行し、その民間企業をバイオメジャーと呼ばれる多国籍種子企業が日本企業の買収に走ることは必至である。

第11章で述べたように、現在、モンサント、バイエル、シンジェンタなど多国籍種子企業は合併・統合・買収が相次いでいる。巨大な企業がさらに巨大になり、世界の覇者を目指している。隣国の韓国ではすでに、多国籍企業による主な種子企業の買収が進み、貴重な品種が失われるなどの影響が出ている。いま農家のお母さんたちが必死になって種子を守る取り組みを行っている。日本もまた、同様の事態になるのでは、と懸念される。

第13章　経済戦略とビッグデータがもたらす生命操作の未来

アベノミクスが狙い撃ちした健康と医療

安倍首相は、二〇一二年十二月末に、自民党政権となり内閣発足と同時にアベノミクスを推進するための政策を矢継ぎ早に打ち出したことはすでに述べた。十二月二十六日には日本経済再生本部（安倍本部長）を設置、二〇一三年一月二十三日には民主党政権時代には休眠状態となっていた規制改革推進会議（議長・岡素之住友商事相談役）を復活させ、首相に言わせれば、「世界で一番企業が活躍できる国づくり」を目指したのである。これは、「戦争を行うことができる国づくり」と並んで、政策の大きな柱に据えられた。

その経済成長戦略の柱の一つに健康・医療が据えられた。最も経済成長が見込まれる分野と判断してのものである。二〇一三年三月十五日、まず内閣官房に「健康・医療戦略推進会議」が設置され、さらに六月十四日には「健康・医療戦略」（内閣官房長官及び関係閣僚）が閣議決定された。八月二日には「健康・医療戦略推進本部」設置が閣議決定され、座長に安倍首相みずからが座った。健康が国家戦略になったのは、「健康日本21」（二〇〇〇年）からで、ここに始まったものではないが、政権が総力を挙げて取り組むことになったのは初めてである。

具体的には、健康・医療の分野での成長を経済成長全体のけん引役にしようというのである。そのためには、徹底した規制緩和を行い、民間企業の力を用いる戦略である。安倍首相が復活させた規制改革会議が二〇一三年六月五日に最終報告書をまとめた。その中で具体的にさまざまな政策が提起された。神奈川県に未病特区を設置したり、認知症国家戦略を始めることなどが打ち出された。未病とは、病気と健康の間にある状態で、最も健康食品がターゲットにしている分野である。そのため未病特区とは、健康食品など健康産業が活躍しやすいようにしようというものである。認知症国家戦略もまた、認知症対策を経済成長の柱にして高齢者を経済成長のために利用しようというものである。医療においても、健康診断による血圧や血糖値のガイドラインの数値を動かすことで、高血圧や糖尿病予備軍が大量に産出されるようになった。こうして経済成長のために医療や健康がフル動員されている。総合的な新薬や医療技術の開発推進機関として、米国のＮＩＨ（国立衛生研究所）の日本版として日本医療健康開発機構も設立された。国が多額の予算をつけ総力を挙げて、医療技術や新薬の開発に取り組む姿勢を示したものである。

成長戦略の柱のひとつ、再生医療

最先端医療における経済成長戦略の柱が、再生医療である。皮膚を再生・移植するなど、これまでも再生医療は行われてきたが、大きな市場になるようなものではなかった。それを変えようとしているのが、ｉＰＳ細胞である。政府は、このｉＰＳ細胞に多額の予算をつけ、推進を図り始めた。さらには、これまで倫理的な壁が厚く、開発が進んでこなかったＥＳ細胞の利用の活性化も図りはじめた。文科省・厚労省によって「ES細胞利用に向けた指針」が作成され実施され始めた。iPS細胞もES細胞も、幹細胞といって細胞を作り出す大本の細胞を利用したものだが、iPS細胞が体細胞から作り出したのに対して、ES細胞は受精卵を壊して作られるため、倫理的歯止めがかかっていたのを、その歯止めを外したのである。

二〇一四年十一月二十五日に再生医療促進のために二つの法律が施行された。一つは改正医薬品医療機器法で、iPS細胞やES細胞を用いた再生医療を促進するために、その再生医療で作られるものを再生医療製品と位置づけ、その申請・承認を簡略化・促進したり、保険を適用させるための改正である。さらには再生医療安全性確保法を新しく制定・施行して、企業参入を促し始めた。

これまでバイオテクノロジーは、企業化・商品化という点でいうと、あまり成果を上げてこなかった。その中でiPS細胞やES細胞は希望の星に据えられた。とくにiPS細胞は、日本の研究者が特許を押さえていることから、国際競争力を持つと判断してのことである。このiPS細胞が期待されている分野が、臓器や組織といった人体の部品をつくり出すことである。再生医療は、損傷を起こした皮膚などを再生させる医療から、臓器や組織を再生して移植する新たな道を切り開き始めたのである。

そのトップバッターとして登場したのが、STAP細胞問題で傷ついた理化学研究所で、同研究所の高橋政代研究チームが、眼の病気の加齢黄斑変性の治療にiPS細胞から作り出した網膜色素上皮細胞を移植する臨床試験を行った。iPS細胞から作り出した網膜の細胞をシート化して移植したものである。倫理面や安全性よりも、企業化・商品化が優先されているのが、今の科学の世界である。その典型的なケースを、このiPS細胞に見ることができる。

ビッグデータ利活用のために個人情報保護法改正へ

経済成長戦略の柱のひとつビッグデータ利活用がある。このビッグデータもまた、医療の成長戦略に取り入れられ始めた。新たな医療ビジネスの柱の一つが、遺伝子検査ビジネスである。血液や細胞は情報の宝庫である。今この分野に多数の企業が参入しており、ビッグデータ利用を図りつつある。

そのために行われたのが、個人情報保護法の改正である。

この法改正のポイントは二つあり、ひとつは国際化であり、もう一つは、企業による個人情報の利用促進である。この法改正は、政府の高度情報ネットワーク社会推進戦略本部（IT総合戦略本部）が、二〇一三年十二月二十日に個人情報の利活用のための「制度見直し方針」を打ち出し、それに基づいたもので、同本部は、翌一四年六月二十日に「制度改正大綱」をまとめ、それにそって改正された。

ポイントのひとつの国際化は、外国のデータをスムーズに入手できるようにすることであり、もうひとつの利用促進は、ビッグデータなどの利活用のために、個人情報利用の規制緩和を図ることである。

後者の個人情報の利用については、本人の同意がなくても目的変更ができることが柱である。それまでは情報を収集した際に、それを利用する目的が変わる場合、改めて本人の同意が必要である。それを一定の条件が整えば必要ないとしたのである。そのために導入したのが「匿名加工情報」という考え方である。個人が識別できないように加工すれば、同意はいらないとしたのである。しかし、情報の種類や加工の仕方によっては、個人が簡単に識別できてしまう。そのあたりをあいまいにしたままスタートしたのである。

遺伝情報の利用について見てみると、いま遺伝子検査の分野には多数の企業が参入している。ＤＨＣやＤｅＮＡ、ヤフーなどで、それらの企業に、口の中の細胞をこすりとり遺伝子検査を依頼したところ、その情報が見知らぬ企業の宣伝に使われ、さらに「あなたはこういう病気になりますので、この健康食品が必要です」という案内がさまざまなところから届くようになる、こういう事態が想定される。

二〇一五年三月十六日には、ＫＤＤＩがスマホで申し込める血液検査を始めることを発表した。自宅に届く検査キットに血液を一、二滴採取して送ると、健康診査の検査結果をネット上で見られる仕組みをつくり出したものである。将来的には遺伝子検査も見据えているという。検査によって集められるデータこそが、健康産業にとって垂涎の情報なのである。

このままでは個人情報保護法とは名ばかりで、事実上、個人情報利用法になったのである。

知的所有権の強化

知的所有権強化も図られつつある。企業にとって知的所有権は他企業を排除でき、競争に勝利するための武器になっている。医療や医薬品、バイオテクノロジーなどの最先端の科学技術分野では、とくに強い武器になる。

これまで知的所有権に関しては、ＷＴＯのＴＲＩＰｓ（知的所有権）協定を基本に国際共通化が図られてきた。しかし、米国が絡んだ自由貿易協定では「ＴＲＩＰｓプラス」という考え方が取り入れられるケースが増えている。そのプラスとして加えられるものとしては、①手続きの簡素化、②特許や著作権期間の延長、③保護範囲の拡大、④違反への罰則の強化などがある。ＴＰＰをめぐる交渉では、日本政府もこの強化の方向を支持している。

手続きの簡素化では、韓米ＦＴＡにおいて米国系企業が、韓国企業などの知的所有権侵害について、それまでできなかった直接手続きを行使することができるようになった。特許や著作権の期間の延長では、特許では従来の二十年が三十年に延長され、著作権では従来の五十年が七十年に延長される可能性がある。

保護範囲の拡大では、まず追加発明の特許化が考えられる。医薬品で、対象疾患が拡大すると、その分、新たな特許となるというものである。例えば、アスピリンの場合、最初は頭痛や神経痛などの痛み止めとして使われてきた。その後、血栓予防や心筋梗塞・脳梗塞などの予防にも有効だということで、対象疾患が拡大した。サリドマイドも最初は睡眠薬として用いられ薬害を引き起こしたが、その後、抗多発性骨髄薬として用いられるようになった。このような追加発明に対して特許を認めると、用途の拡大を小出しして、いつまでも権利を有するようにすることもあり得る。従来特許にならなかった治療や診断方法の特許化や、生命特許・遺伝子特許のように範囲があいまいなものについても、なし崩しに権利の範囲が拡大される可能性がある。

知的所有権強化では、企業の権利は強化されるが、市民の権利は制限が進む。例えば、現在も環境問題や食の安全など市民生活にとって大事な問題について、政府や自治体が持つ情報の公開を求めると、知的所有権にかかわるとして、その多くの部分が墨塗り状態になって読めなくなっている。その墨塗りが増え、ますます知る権利が制約されることになる。

デザイナー・ベイビーも特許に

デザイナー・ベイビーの特許化も進んでいる。すでに精子、卵子、受精卵の凍結保存が可能となったことから、米国では精子銀行や卵子銀行が作られ、同じ人間でありながら、白人の精子や卵子に高値がつき、スポーツマンや芸術家、科学者などに高値がつくなど、ここでも命の格差が生じ社会問題化している。

この動きがさらに進めば、理想の赤ちゃん誕生を人工的に可能にする「デザイナー・ベイビー」誕生へ向かう可能性が強い。米国のベンチャー企業「23andMe」社が始めた事業が、それを目指したものである。同社の手法は、まず提供者の卵子や精子の遺伝情報をデータベースに入力しておく。子どもが欲しい人がいたとすると、その人の遺伝情報を入力する。するとコンピュータが、望んだ形質の現れる人の精子や卵子を選択するというものである。その選ばれた精子や卵子を用い、体外受精・借り腹を用いれば、望んだ赤ちゃんがいとも簡単に手に入るということになる。

図16　23and Me 社のデザイナー・ベイビー事業

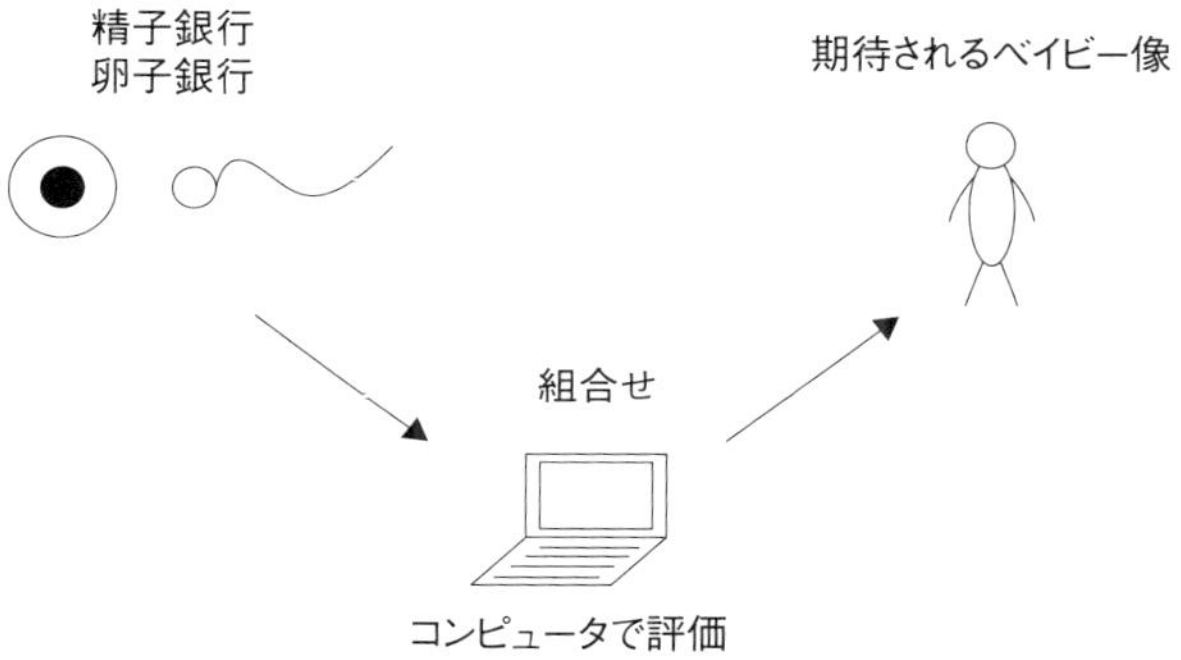

精子銀行
卵子銀行
期待されるベイビー像
組合せ
コンピュータで評価

加えて、卵巣凍結保存も容認に向けて動き始めた。これは卵子の基となる部分を切り取り保存するものである。以前英国で、動物実験とはいえ中絶した胎児の卵子の基となる細胞を培養して、次の世代を誕生させたことがあった。もし人間に置き換えれば、この世に生まれなかった女性の子どもが誕生したことになり、大きな議論を呼んだ。そのような事態も考えられる動きである。卵子の基となる細胞の保存が進めば、「優秀」な卵子を保存する動きにつながっていく可能性がある。

さらにはｉＰＳ細胞から、さまざまな臓器や組織を作ったり、精子や卵子といった生殖細胞作りが進められている。さらには、その精子や卵子を受精させることで、機能が正常か否かを確認したい、という研究者の声が大きくなっている。もしその受精から、生命が誕生すれば、これは「人工人間」となる。人間製造工場に至る道は、すでに見えてきたといえる。

ゲノムコホート研究

バイオ研究の最前線では、このような医療技術や医薬品の開発が進められている。ｉＰＳ細胞を用いた再生医療と並んで研究・開発の最前線にあるのが、ゲノムコホート研究である。コホートとは大規模を意味し、病気や健康に関する遺伝子の大規模な調査のことである。産官学連携で「一〇〇万人ゲノムコホート研究」が本格化している。この研究は、一〇〇万人から血液などを採取し、同時に病気や健康に関する情報や家系の情報を得て、病気や肥満などの健康にかかわる遺伝子を探すことで、新たな薬品や治療法、健康食品などの開発につなげ、経済効果と結びつけようとするものである。

採取される人の同意は得ることになっているが、その人は「将来の医療や医薬品開発のため」

といわれるだけである。その成果は、採取された本人には還元されないどころか、新薬開発に用いられ、企業などによる特許権独占をもたらす。

それに追い風となっているのが、ＴＰＰなど自由貿易協定による知的所有権の強化の流れである。すでに述べたように、ＴＰＰ大筋合意において、著作権、特許権など知的所有権に関しては、ＷＴＯ（世界貿易機関）でのＴＲＩＰｓ（知的所有権）協定を大きく上回る水準でまとめられた。米国トランプ政権誕生によってＴＰＰが流れても、米国抜きＴＰＰ、日欧ＥＰＡ、ＲＣＥＰ（東アジア地域包括的経済連携）など、自由貿易の流れは止まらない。その中で知的所有権強化の流れも止まらない。

ゲノムコホート研究においては、現在すでに、東北大学と岩手医大による「東北メディカル・メガバンク」が進行している。このメガバンクは、宮城県と岩手県の被災者を対象にしたもので、宮城県は東北大学、岩手県は岩手医大が担い、二〇歳以上の地域住民八万人と、三世代七万人を対象に生体試料を採取して、病気や健康に関する遺伝子を探し、遺伝子のビジネス化を進める。この研究には、全額、震災復興の予算があてられた。

マイナンバー制度が始まり、この個人番号が医療情報とつながることになっている。それがゲノムコホート研究につながる可能性がある。この研究は、人間の遺伝子のビジネス化であり、特許化・医薬品化が最大の目的である。しかし、その先には「遺伝的に問題のある家系」の管理や遺伝的淘汰へ至る道筋をつけることが考えられる。また、ゲノム編集技術が応用される基盤づくりにもなる。

自由貿易の拡大は、マイクロソフト、ファイザー、モンサントといった多国籍企業による支配を強化することになるが、日本経済も知的所有権に依存する比重が増す。その切り札がバイオテクノロジーであり、その研究・開発の促進によって、遺伝子管理化が進み、ゲノム編集などの技術がさかんに用いられる社会が訪れることになる。

ＴＰＰ交渉の段階で強化が図られようとした知的所有権

ゲノム情報科学解析ソフト開発など
著作権の期間延長（五十年から七十年に）
著作権での非親告罪設定（著作権者の告訴がなくても起訴できる）
バイオ新薬開発
バイオ医薬品のデータ保護期間の延長（八年間ジェネリック医薬品開発できず）
医療技術開発など
特許権の強化（特許の範囲拡大など）
特許権の期間延長（不合理な遅滞とみなされた際の期間延長）

エピローグ――ゲノム操作食品に規制を?

RNA操作の時代に

　これまでの遺伝子操作は、DNAを遺伝子の中心に置く考え方で進められてきた。遺伝子組み換え技術は、組み換えDNAともいわれるように、DNAを操作して行われてきた。この背景には、「DNAセントラルドグマ」と呼ばれる、遺伝子の基本にDNAを据え、生命現象を説明する考え方がある。生命活動のすべてはDNAから始まるという考え方である。しかし、これまでのDNA中心の考え方では、生命現象の多くが説明できないことが明らかになってきた。

　それに対してゲノム編集は「ガイドRNA」を用いてDNAを切断している。またRNA干渉法はメッセンジャーRNAを壊す二本鎖RNAを用いている。新たな遺伝子操作は、RNAを操作することで行われている。RNAの働きは大変複雑である。いまだに、その多くが分かっていない。DNA中心の考え方から一歩離れたといえる。

　しかし、DNAやRNAを見るだけでは、生命現象のほとんどが分からないといっていい。細胞内でのさまざまな器官や物質のネットワークはどうか、細胞間のネットワークはどうか、よく分かっていない。ましてや生命体全体の働きとなるとどうか、臓器や組織間の働きはどうか、さらには生命体の間ではどうか、あるいは集団となったときはどうかなど、生命現象の全体像をとらえようとすると、とてつもない膨大な未知の領域が存在している。

現代のバイオテクノロジーは、ＤＮＡやＲＮＡだけ見て、生命全体を見ようとしてこなかった。そこにこそ、現代のバイオテクノロジーの最大の問題点がある。しかもその生命操作は、経済の論理で動いている。金もうけのために原発を動かし、放射能汚染を引き起こし、市民を苦しめてきたのと同じ論理で生命操作を進めている。結局、最終的に負の結果を負わされ、被害を受けるのは市民なのだ。

日本政府の対応

被害を引き起こさないために、どれだけ根本的な規制ができるかが問われている。しかし、この新しく登場したゲノム編集やＲＮＡ干渉法などの「ゲノム操作食品」への、政府の対応は遺伝子組み換え生物同様に消極的である。二〇一七年九月二十二日、市民団体の食と農から生物多様性を考える市民ネットワーク主催の集会で、ゲノム編集やＲＮＡ干渉法など新しい技術を応用した「ゲノム操作食品」の規制について、市民と農水・環境両省との話し合いの場がもたれた。最低限、遺伝子組み換え生物と同様にカルタヘナ法に基づく生物多様性影響評価を行うよう求める市民団体に対して、政府側はあくまでも個別に対応し一律の規制は設定しないと述べ、話し合いはかみ合わなかった。

その前に、同市民団体は消費者庁に対しても、「食品表示に関する」質問をして、回答を得ていた。それによると「安全審査を経て流通販売が認められた食品に関しては、現行の表示制度を当てはめる」というものだった。これは安全審査を経ないケースでは表示されないことになる。また、ただでさえ現行の遺伝子組み換え食品表示制度では、表示されない食品が多いことから、ほとんど表示しなくてよいことになってしまう。

日本におけるゲノム操作食品への規制というと、次のようなものが考えられる。
環境への影響ではカルタヘナ法に基づく生物多様性影響評価（環境省・農水省）
食の安全に関しては食品安全委員会が評価（厚労省）
飼料の安全性に関しては飼料安全法に基づく評価（農水省）
飼料を用いた牛乳などの食品は食品安全委員会が評価（農水省）
食品表示に関しては食品表示法に基づき規制（消費者庁）

このゲノム操作食品への対応は、各国で検討中である。米国やカナダはほとんど規制も表示もないまま、栽培や食品の流通が始まっている。ＥＵでも規制をどうするか、大きな論争になっている。

二〇一七年九月二十八日、欧州の科学者団体である社会と環境への責任をもつ欧州科学者ネットワーク（ＥＮＳＳＥＲ）が、六〇人を超える科学者の署名とともに、新しいバイオテクノロジーを応用した作物・食品に対して警鐘を鳴らす声明を発表した。ＥＵで規制について検討中の新しいバイオテクノロジー応用食品の対象は、「新植物育種技術（ＮＰＢＴ）」とも呼ばれゲノム編集など八種類がある。(注)

この声明では、これらの技術を応用した食品は、食の安全面で問題があると同時に、生態系に悪い影響が出る危険性があり、厳格に規制すべきであると述べている。とくにゲノム編集では、目的とする遺伝子以外のＤＮＡも切断してしまう「オフターゲット」を防ぐことは困難であり、それが時には、生命体にとって大事な遺伝子の働きを破壊してしまう可能性を指摘している。そのオフターゲットが予想外の毒性やアレルギーを引き起こす可能性がある。ゲノム編集はまた「バイオテロ」をもたらす可能性があり、ゲノム編集を応用した遺伝子ドライブは、生態系を破壊する危険性が高いとして、遺伝子組み換え技術と同様の厳格な規制を行うべきだと指摘している。

なぜいまこのような声明が出されたかというと、欧州でも、「新しいバイオテクノロジーを応用した作物・食品は遺伝子組み換え作物・食品とは異なる」として、規制を免れようとする動きが見られるからである。この声明では加えて、すべての消費者や農家が選択できるように、トレーサビリティと食品表示を義務づけるべきだと提言している。

日本でも、繰り返し述べてきたように、ゲノム編集で開発された稲の栽培実験が始まり、ＲＮＡ干渉法で開発されたジャガイモの流通が承認されている。ゲノム操作食品が食卓に登場するのは、もはや時間の問題になっている。このままではゲノム操作食品は、農家や消費者が求めるような厳格な規制も表示もない状態で、それどころか最低限の規制もないまま流通することになりかねない。

注　ＮＢＢＴの種類（人工ヌクレアーゼを利用したゲノム編集、オリゴヌクレオチド指定突然変異導入技術、シスジェネシス・イントラジェネシス、ＲＮＡ依存性ＤＮＡメチル化、接ぎ木と遺伝子組み換え技術の組み合わせ、逆育種、アグロフィルトレーション、合成生物の八種類）

遺伝子組み換え・ゲノム操作作物・食品関連年表

一九九〇年　この頃、モンサント社など化学企業が種子企業買収に積極的に動く
EU閣僚理事会が遺伝子組み換え（GM）作物栽培で規制（EC指令）求める

一九九二年　UPOV（植物の新品種保護国際条約）改正（三月）
厚生省「GM食品製造指針・安全性評価指針」（直接食べる食品は含まれず）作成（一月）
この年、米国政府が国家バイオテクノロジー戦略打ち出す（遺伝子特許を戦略化）
米NIH（国立衛生研究所）がDNA特許申請（後に取り下げる）

一九九二年　日本の農水省がイネゲノム解析計画開始（第一期）
リオ（地球環境）サミットで気候変動枠組条約・生物多様性条約採択（六月）
有機農産物に関する指針制定される（一〇月）
OECDのGM食品専門委員会（GNE）が実質的同等の概念導入

一九九五年　WTO（世界貿易機関）体制始まる（一月）　農産物の国際流通圧力強まる
特許における国際的ハーモナイゼーション（日米欧三極特許庁協議）始まる
米国で日持ちトマト販売（初めて販売されたGM食品）

一九九六年　英国政府が初めてBSE牛から人間への感染を認める（三月）
BSE問題に絡み食肉の原産地表示が義務付けられる（八月）
GM食品の安全性評価指針つくられ、輸入始まる（表示なし、九月）
遺伝子組み換え食品いらない！キャンペーン設立、反対運動本格化（十一月）
この年、米国・カナダでGM作物の本格的栽培始まり、日本に輸入される

一九九七年　製造年月日表示から期限表示へ（四月）

一九九八年
日本で一〇〇〇を超える自治体がGM食品表示を求める決議
栄養成分表示が義務付けられる（四月）
改正種苗法公布（十一月）

一九九九年
米ベンチャー企業が初めて遺伝子特許取得
日本、第二期イネゲノム解析計画
日本、国家バイオテクノロジー戦略打ち出す（ゲノム解析に集中投資）
特許G7（先進国特許庁長官非公式会議）始まる

二〇〇〇年
生物多様性条約・カルタヘナ議定書採択される（一月）
コーデックス委員会バイテク応用部会が千葉県幕張で始まる（三月）
口蹄疫、宮崎県で九二年ぶりに発生（三月）
全生鮮食品に原産地表示義務付けられる（七月）
日本でスターリンク事件起きる（五月飼料、十月食品から検出）
この年「健康日本21」始まる

二〇〇一年
欧州でBSE感染牛が急増・拡大
全加工食品に名称・原材料・内容量・製造者名などの表示義務（四月）
GM食品表示始まる（四月）
有機認証制度導入に伴い有機JASマーク表示（四月）
GM食品の安全審査が指針から食品衛生法による規制に（四月）
日本で初めてBSE感染牛が確認され発表される（九月）食の安全への関心ピークに
メキシコでトウモロコシ原生種の汚染判明（十一月）

二〇〇二年
雪印食品による牛肉偽装事件明るみに（一月）
BSE問題に関する調査検討委員会が独立した食品安全機関を提言（四月）
日本ハムが偽装牛肉を焼却処分、証拠湮滅（七月）
JAS法改正により不正表示に対する罰則強化（七月）
市民の抗議によって愛知県で行われていたGM稲の栽培試験中止に（十二月）

二〇〇三年
南部アフリカ諸国、GM作物混入を理由に食料援助拒否
カルタヘナ議定書発効（六月）

二〇〇四年

食品安全基本法が施行され、食品安全委員会がスタート（七月）
ＧＭ食品の安全審査、食品安全委員会で行われるようになる（七月）
コーデックス委員会総会で「ＧＭ食品（植物）の安全審査基準」採択（七月）
日本政府、カルタヘナ議定書締結（十一月）
米国でＢＳＥ感染牛が確認され、米国産牛肉輸入停止に（十二月）
山口県で鳥インフルエンザが七九年ぶりに確認（一月）
カルタヘナ議定書国内法施行（二月）
日本の消費者が米国・カナダを訪れモンサント社のＧＭ小麦反対の署名を提出（三月）
農水省が「ＧＭ作物栽培実験指針」作成（三月）
牛肉トレーサビリティ法施行（四月）
ＥＵで新しく厳密なＧＭ食品・飼料の表示制度始まる（四月）
食品安全委員会が全頭検査中止決める（九月）

二〇〇五年

ＧＭＯフリーゾーン運動、滋賀県で始まる（一月）
日本で初めてｖＣＪＤの患者報告される（二月）
北海道で自治体として初めてのＧＭ作物栽培規制条例施行（三月）
ＧＭナタネ自生調査始まる（三月）
新潟県北陸研究センターでのＧＭ稲栽培試験をめぐり裁判始まる（六月）
米国産牛肉の輸入再開決定（十二月）
コーデックス・バイテク応用部会でＧＭ動物食品の審議始まる（十一月）
原子力委員会食品照射専門部会設置される（十二月）
香港で開催されたＷＴＯ閣僚会議で大規模な抗議デモ起きる（十二月）
この年、中国で違法ＧＭ稲の栽培行われる（現在に至るまで続く）

二〇〇六年

成田空港で脊椎発見、再び米国産牛肉輸入停止に（一月）
新潟県で「ＧＭ作物栽培規制条例」施行（五月）
米国産牛肉の輸入再々開決定（七月）
今治市「食と農の街づくり条例」施行（九月）
消費者がオーストラリアを訪れ四州政府にＧＭナタネ反対の署名提出（十月）

二〇〇七年
有機農業推進法施行（十二月）
バイオ燃料ブームに便乗して、米国でGM作物拡大、食料危機発生
ミートホープ事件発覚（六月）
白い恋人事件発覚（七月）
コーデックス委員会総会で「GM動物食品の安全審査基準」採択（七月）
赤福事件発覚（十月）
比内地鶏事件発覚（十月）
船場吉兆事件発覚（十一月）

二〇〇八年
米国FDAがクローン家畜食品を安全と評価、流通を認める（一月）
中国産冷凍餃子事件明るみに（一月）
畜産草地研究所がクローン家畜食品を安全と評価（三月）
独ボンでプラネット・ダイバーシティ開催される（五月）
欧州食品安全庁がクローン家畜食品を安全としながらも、流通は保留（七月）
米国FDAがクローン牛の後代牛が出回っていると発表（九月）
欧州議会がクローン家畜食品流通禁止を求める（九月）
ミニマム・アクセス米・事故米転売事件明るみに（九月）
中国でメラミン混入事件明るみに、日本でも乳製品から検出（九月）

二〇〇九年
米国がGM動物食品の安全審査の基準を発表、審査開始（一月）
新型（豚）インフルエンザ騒動起きる（四月）
コメ・トレーサビリティ法成立（四月）
食品安全委員会がクローン家畜食品を安全と評価、厚労省に通知（六月）
消費者庁誕生、食品表示一元化へ（九月）

二〇一〇年
宮崎で口蹄疫が発生、家畜が大量に処分される（四～六月）
生物多様性条約・カルタヘナ議定書締約国会議（COP10・MOP5）が名古屋で開催される（十月）、名古屋議定書、名古屋クアラルンプール補足議定書を採択
日本でも名古屋で「プラネット・ダイバーシティ」開催される（十月）
横浜で開催のAPECで、TPP参加問題起きる（十一月）

二〇一一年　三月十一日、東日本大震災発生、東電福島第一原発事故発生
放射能汚染拡大、政府「食品暫定基準」を発表（三月）
規制・制度改革に係る方針(閣議決定)に基づき「食品添加物の指定手続の簡素化・迅速化」措置（四月）
消費者庁に食品表示一元化検討委員会発足（九月）
ハワイで行われたAPECで、日本政府TPP協議に参加表明（十一月）
ハワイ産GMパパイヤの輸入が承認され、日本に入り始める（十二月）

二〇一二年　食品中の放射能汚染の基準値変更される（四月）
食品添加物コチニール色素でアナフィラキシー・ショック起きる（五月）
中国で鶏肉に大量の抗生物質が使われていることが発覚（十二月）
東京都調布市の学校給食で生徒がアナフィラキシー・ショックで死亡（十二月）
この年、ゲノム編集技術で「CRISPR/Cas9」が用いられ始める

二〇一三年　日本政府、米国産牛肉の輸入規制緩和（二月）、それにともない日本での全頭検査中止に（七月）
米国オレゴン州で未承認GM小麦の栽培が見つかり、日韓台政府などが米国産小麦の輸入停止措置（五月）
食品表示法（消費者庁）可決・成立（六月）
阪急阪神ホテルズのレストランで食品偽装発覚、その後ホテル・デパート他で次々と発覚（十月）
豚流行性下痢確認される（十月）(二〇一四年七月二一日まで一道三七県八一〇農場で確認)
群馬県にあるアクリフーズで、冷凍食品への殺虫剤マラチオンが入れられる（十二月）

二〇一四年　学校給食へのノロウイルス汚染事件起きる（一月）
人気漫画「美味しんぼ」が福島の放射能汚染を描き批判される（五月）
中国で期限切れ鶏肉などの混入事件発覚（七月）
韓国で開催の生物多様性条約締約国会議で合成生物学の規制が焦点に（十月）

二〇一五年　米国で遺伝子組み換えリンゴ承認される（二月）
IARC（国際がん研究機関）が、グリホサートを発がん物質にランク（三月）、モンサ

ントの除草剤耐性作物への批判強まる
食品表示法施行（四月）、機能性表示始まる
台湾で厳密なＧＭ食品表示制度始まる（七月）
ＴＰＰ交渉大筋合意（十月）
米国で遺伝子組み換え鮭承認される（十一月）
この年初めてゲノム編集技術による「除草剤耐性ナタネ」米国で作付される

二〇一六年
ＣｏＣｏ壱番屋の廃棄カツが出回っているのが判明（一月）
ＴＰＰ調印（二月）
加工食品の原料原産地表示の改正を検討する委員会設置、協議始まる（四月）
バーモント州で米国初のＧＭ食品表示制度導入（七月）
米国連邦議会がバーモント州の表示制度を無効にするＤＡＲＫ法を可決（七月）
米国トランプ大統領が誕生、ＴＰＰからの離脱を表明（十一月）
米国でデルモンテのＧＭパイナップル承認（十二月）
この年、独バイエルが米モンサント買収、米デュポンと米ダウ・ケミカルの合併、中国化工集団公司がスイス・シンジェンタ買収を相次いで発表

二〇一七年
韓国がＧＭ食品表示制度を厳格化（二月）
日本でもＧＭ食品表示改正の検討委員会設置、協議始まる（四月）
主要農作物種子法廃止が決まる（四月）
ゲノム編集で開発されたシンク能改変稲の栽培試験、茨城県で始まる（五月）
米コロンビア大学がゲノム編集でオフターゲットを報告（六月）
ＲＮＡｉジャガイモ、日本での流通が承認される（七月）
ＧＭ鮭、カナダですでに流通していることが判明（八月）
ＥＵが期間を短縮してグリホサートを再承認（十二月）
この年、米国で新たなＧＭ作物に用いる除草剤ジカンバで被害拡大

あとがき

遺伝子組み換え食品を推進する政府、企業、研究者などは、その理由として「食料を増産して飢餓をなくす」ということを繰り返してきた。ゲノム編集などの新しいバイオテクノロジー応用食品でも、同じ論理が繰り返されている。すでに破たんしている同じ論理が、凝りもせずまた使われているのである。現在でも、地球上のすべての人が食べるのに十分な食料が生産されている。にもかかわらず、豊かな国に食料が集まり、貧しい国で飢餓が拡大しており、問題は食料の分配にあることは誰の目にも明らかである。

英国ノッティンガム大学がシェフィールド大学などと共同で行った最新の調査「なぜNGOはゲノム編集に懐疑的か」でも、「飢餓の問題で重要なのは食料へのアクセスにある」と述べている。しかも「科学技術に依存することは、飢餓の原因である社会的経済的不平等をさらに拡大してしまう」「ゲノム編集は公益ではなく私益をもたらす」と結論づけている。

飢餓が発生している多くの国で、その農地は企業の支配下にあり、大規模に単一作物が生産され、その国の人の口には入らず、輸出されている。この構造がある限り、どんなに増産しても飢餓はなくならない。それどころか、むしろ悪化させてしまう。作物は、少数の巨大アグリビジネスの特許で守られ、時には農民は作物を作ることさえできなくなっている。

飢餓をなくす最適な方法は、種子への特許権の設定を廃止し、家族経営による小規模農業を拡大することである。食料主権を確立して、食料輸出を抑制することである。遺伝子組み換えやゲノム編集、ＲＮＡｉといった最新技術に依存せず、有機農業をベースにした安全で安心できる食料生産を広げることである。二〇〇八年に世界銀行が提案したように「エコロジカルな農業によって、世界中の人々への持続可能な食料供給をもたらすことができる」のである。

いま地球規模で環境が悪化し、食料危機が慢性化しているが、その状況をさらに悪化させてきたのが遺伝子組み換え作物であり、これからさらに悪化させようとしているのがゲノム編集やＲＮＡｉといった最先端技術による種子開発である。これらの技術に未来はなく、有機農業など環境保全型農業にこそ未来がある。

最後になったが、今回もまた緑風出版の高須ますみさん、次郎さん、斎藤あかねさんに大変お世話になった。出版界がおかれている厳冬の時代に、頑張って活字文化を守り続ける姿勢には頭が下がる。また、いつも私の活動を支えてくださる読者の皆様に感謝を述べて、締めくくりとする。

天笠啓祐

[著者略歴]

天笠　啓祐（あまがさ　けいすけ）

1947年東京生まれ。早大理工学部卒。現在、ジャーナリスト、日本消費者連盟共同代表、遺伝子組み換え食品いらない！キャンペーン代表、市民バイオテクノロジー情報室代表

主な著書『原発はなぜこわいか』（高文研）、『脳死は密室殺人である』（ネスコ）、『Q&A電磁波はなぜ恐いか』『遺伝子組み換え食品』『DNA鑑定』『食品汚染読本』『Q&A危険な食品・安全な食べ方』『世界食料戦争』『生物多様性と食・農』『東電の核惨事』『Q&A遺伝子組み換え食品入門』『TPPの何が問題か』（以上、緑風出版）、『この国のミライ図を描こう』（現代書館）、『くすりとつきあう常識·非常識』（日本評論社）、『いのちを考える40話』（解放出版社）、『バイオ燃料』（コモンズ）、『遺伝子組み換えとクローン技術100の疑問』（東洋経済新報社）、『地球とからだに優しい生き方·暮らし方』（つげ書房新社）、『遺伝子組み換え作物はいらない！』（家の光協会）、『暴走するバイオテクノロジー』（金曜日）『子どもに食べさせたくない食品添加物』『子どもに食べさせたくない遺伝子組み換え食品』（芽ばえ社）ほか多数。

ゲノム操作食品(そうさしょくひん)の争点(そうてん)

2017年12月30日　初版第1刷発行　　定価1800円＋税

著　者　天笠啓祐 ©
発行者　高須次郎
発行所　緑風出版
〒113-0033　東京都文京区本郷2-17-5　ツイン壱岐坂
［電話］03-3812-9420　［FAX］03-3812-7262［郵便振替］00100-9-30776
［E-mail］info@ryokufu.com［URL］http://www.ryokufu.com/

装　幀　斎藤あかね
制　作　R 企 画　　印　刷　中央精版印刷・巣鴨美術印刷
製　本　中央精版印刷　　用　紙　大宝紙業・中央精版印刷　　E1200

　ISBN978-4-8461-1723-8　C0036